Dr. Ute Hahn

Vogelkrankheiten

Vogelkrankheiten

Ursachen – Erkennung – Behandlung

Von Dr. Ute Hahn

CIP-Titelaufnahme der Deutschen Bibliothek

Hahn, Ute:
Vogelkrankheiten: Ursachen - Erkennung - Behandlung / von Ute Hahn. – Alfeld: Schaper, 1992
ISBN 3-7944-0169-7

Herstellung: Dobler-Druck GmbH & Co KG, Alfeld (Leine)

ISBN 3-7944-0169-7

Vorwort

In der Bundesrepublik Deutschland werden etwa 7 Millionen Ziervögel gehalten, wobei an erster Stelle der Wellensittich, an zweiter der Kanarienvogel steht. Damit leben in 10 Prozent der bundesdeutschen Haushalte Ziervögel. Neben den Zierfischen stellen die Vögel so den zahlenmäßig größten Anteil der Heimtiere dar!
Erfährt man in diesem Zusammenhang, daß in Tierarztpraxen vorgestellte Stubenvögel vor allem an Haltungs- und Fütterungsfehlern leiden, macht das betroffen. Deshalb ist es eine besondere Notwendigkeit, die Ziervogelhalter zur Vorsorge mit entsprechenden Kenntnissen auszurüsten.
Diesem Anliegen soll das vorliegende Buch folgen. Nicht unerheblich haben zur Realisierung dieses Anspruches verschiedene Fachleute beigetragen. Das Kapitel über Fütterung, besonders der Weichfresser, hat Tierarzt Werner Steinigeweg überarbeitet. Herr Bernd Hoffmann vom Landesverwaltungsamt Niedersachsen, Abteilung Naturschutz, war so freundlich, die gesetzlichen Bestimmungen durchzusehen und zu vervollständigen.
Mein besonderer Dank gilt dem Kollegen Dr. N. Kummerfeld für die während der Verfassung des Buches geleistete Unterstützung.
Herrn Gerhard Kapitzke danke ich für die Anfertigung der Zeichnungen.

Inhaltsverzeichnis

Einleitung

Das Tieren in menschlicher Obhut zugestandene Recht auf Leben in Gesundheit und Wohlergehen (Tierschutzgesetz) verpflichtet einen Tierhalter auch, sich ausreichend über die Bedürfnisse seiner Tiere zu informieren. Auf dieses Buch bezogen möge „ausreichend" sein, was der sorgsame Tierhalter ganz besonders beachten soll, wenn es um Vermeidung von oder Vorsorge vor gesundheitlichen Störungen geht.
Es wird dabei nicht nur auf die Grundlagen zur Fütterung und Haltung eines Vogels eingegangen, sondern es werden auch Kritierien zur Beurteilung seines Gesundheitszustandes, Sofortmaßnahmen als Erste Hilfe und Voraussetzungen für einen Tierarztbesuch sowie für Laboruntersuchungen dargestellt.
Da es um grundlegende Erkenntnisse in überschaubarem Rahmen gehen soll, mußte auf umfassende Vollständigkeit verzichtet werden. Es wurden vielmehr vor allem solche Probleme berücksichtigt, die in Tierarztpraxen am häufigsten vorgestellt werden.
Auf weiterführendes Schrifttum, das auch spezielle Fragen beantworten kann, weist das Literaturverzeichnis am Schluß dieses Buches hin.
Bei der Besprechung von Krankheiten wird das Augenmerk auf Vorkommen, Ursache, Symptome und Behandlung, vor allem aber auf die Vorbeugung gelegt.
Ein abschließendes Kapitel informiert über rechtliche Bestimmungen, die bei Kauf, Haltung und Zucht von Vögeln beachtet werden müssen und die in letzter Zeit aufgrund von Gesetzesänderungen für den Laien wenig überschaubar geworden sind.

I. Körperbau und Organfunktion

1. Skelettsystem

Das Vogelskelett ist aus Gründen der Flugtauglichkeit äußerst leicht gebaut. Große Knochen enthalten Hohlräume, in die bestimmte Ausbuchtungen von Luftsäcken hineinragen (siehe Seite 17). Die Knochen zeichnen sich durch große Härte und geringe Elastizität aus – dies ist der Grund, weshalb es so häufig durch Unfälle zu Splitterbrüchen kommt.

Schnabel:
Bei Papageienvögeln (Psittaciformes) ist der Oberschnabel durch ein besonders gestaltetes Gelenk mit dem Schädel so verbunden, daß er getrennt vom Unterschnabel bewegt werden kann. Der Schnabel kann deshalb als Kletter- und Haltezange benutzt werden. Wegen der Wechselbeziehung zwischen Schnabelform und Beschaffenheit des Futters läßt die aufmerksame Betrachtung des Schnabels Rückschlüsse auf die Art der Nahrung zu (siehe auch Seite 18). Da den Vögeln Zähne fehlen, muß die notwendige Zerkleinerung des Futters später (im Muskelmagen) erfolgen.

Füße:
Bei den meisten Vogelarten sind drei Zehen nach vorne und eine nach hinten gerichtet, so bei den Sperlingsvögeln (Passeriformes), zu denen Kanarienvögel und andere Finkenarten zählen. Papageienvögel und auch Spechte haben zum Klettern gut geeignete Füße; zwei Zehen sind nach vorne und zwei nach hinten gerichtet.

2. Federkleid

Federn bestehen aus einem Eiweißstoff, dem Keratin. Neben manchen Sonderformen, auf die hier nicht eingegangen werden kann, gibt es zwei große Gruppen von Federn: die Deck- oder Konturfedern und die Daunen. Die Konturfedern bestehen aus dem Federkiel, dem Federschaft und der Federfahne mit den parallel verlaufenden Federästen (s. Abb. 15 A, S. 63).

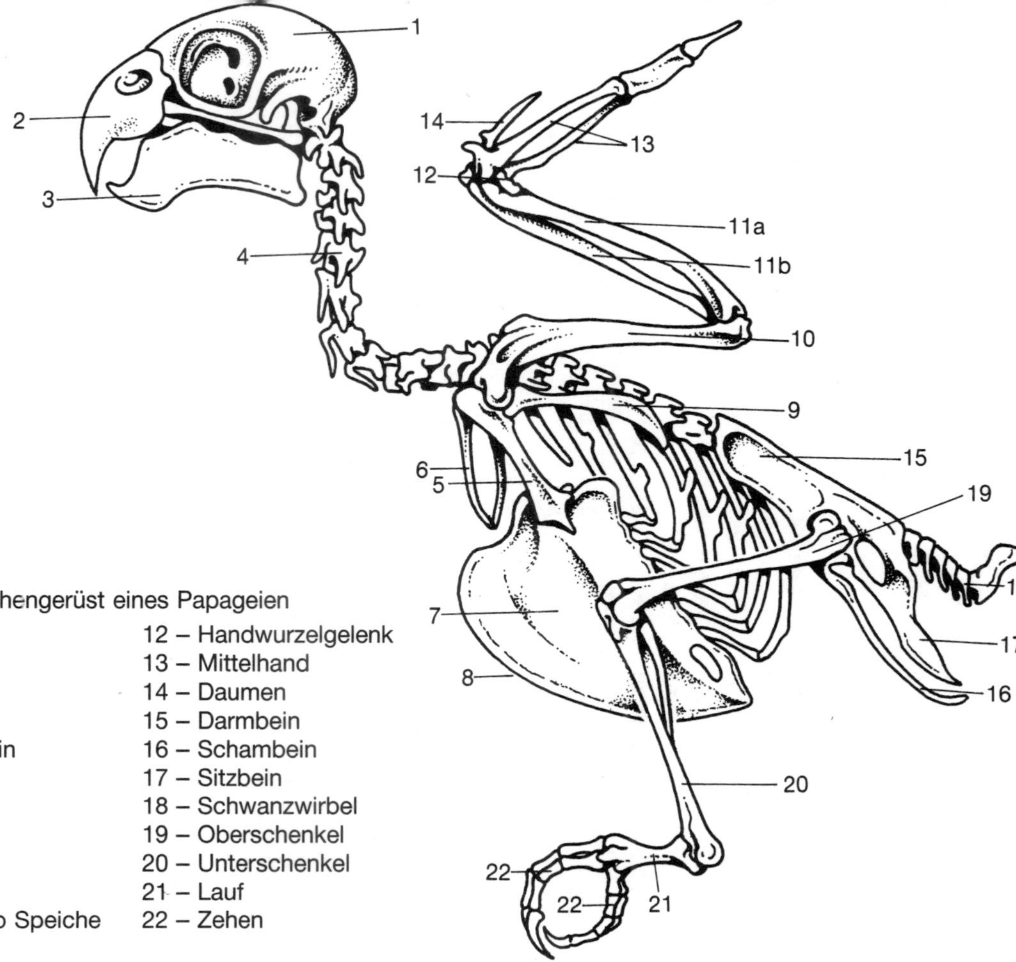

Abb. 1: Knochengerüst eines Papageien

1 – Hirnschädel
2 – Oberschnabel
3 – Unterschnabel
4 – Halswirbelsäule
5 – Rabenschnabelbein
6 – Schlüsselbein
7 – Brustbein
8 – Brustbeinkamm
9 – Schulterblatt
10 – Oberarm
11 – Unterarm, a Elle, b Speiche
12 – Handwurzelgelenk
13 – Mittelhand
14 – Daumen
15 – Darmbein
16 – Schambein
17 – Sitzbein
18 – Schwanzwirbel
19 – Oberschenkel
20 – Unterschenkel
21 – Lauf
22 – Zehen

Die Federäste sind untereinander wie ein Reißverschluß miteinander verzahnt. Spaltet sich solch eine Verbindung auf, zieht der Vogel die Feder durch seinen Schnabel und schließt so diese Lücke wieder.
Der Teil des Federkieles, der in den Federfollikel eingebettet ist, heißt „Spule". In der Spule der wachsenden Feder befinden sich Blutgefäße, so daß es beim Auszupfen einer „Blutfeder" zu Schmerzen für den Vogel und zu Blutungen kommt.
Als „Dunen" werden die Erstlingsfedern bezeichnet (Jugendgefieder), die nicht gemausert werden, sondern zu Deckfedern heranwachsen.
Das Untergefieder der erwachsenen Vögel bezeichnet man als „Daunen". Daunen haben ebenfalls einen Federkiel, aber nicht miteinander in Verbindung stehende Federäste.
Puderfedern ähneln im Aussehen den Daunenfedern, werden daher auch als Puderdunen bezeichnet, dienen aber nicht zur Wärmeisolierung, sondern sie machen das Gefieder durch Absonderung eines feinen weißen Puders wasserdicht. Besonders bei Graupapageien ist das Gefieder häufig mit einer weißen Puderschicht überzogen.
Sind Federn verbraucht und abgenutzt, fallen sie aus und werden durch neue ersetzt. Dieser Vorgang, die Mauser, wird hormonell gesteuert und ist vergleichbar mit dem Herausstoßen eines Milchzahnes durch einen bleibenden Zahn bei uns Menschen. Bei manchen Vogelarten geschieht der Federwechsel ständig, bei anderen in einem kurzen Zeitraum, meist zum Abschluß der Fortpflanzungsperiode. Bei den Singvögeln liegt die Zeit der Mauser im Spätsommer oder Herbst. Wellensittiche dagegen zeigen mehrere Mauserperioden im Jahr.
Eine ausgerissene Feder wird entweder sofort oder bei der nächsten Mauser ersetzt.
Während der Mauser ist der Vogel ruhiger als sonst und benötigt verstärkt eiweiß-, vitamin- und mineralstoffreiches Futter. Die Singvögel stellen während der Mauser den Gesang ein (mehr über Mauser siehe Seite 60).
Das Federkleid dient, neben Aufgaben beim Fliegen, der Wärmeisolierung. Bei Kälte „plustert sich der Vogel auf", d. h. die Federn werden aufgestellt, so daß die isolierende Luftschicht dicker wird. Einen nassen Vogel darf man niemals abfrottieren, damit die empfindlichen Federstrukturen nicht zerstört werden. Man setzt ihn in einen warmen Raum oder unter eine Wärmequelle (Rotlichtlampe) und läßt ihn an der Luft trocknen. Auf keinen Fall fönen!
Die Bürzeldrüse befindet sich in Höhe des Schwanzansatzes auf dem Rücken. Sie ist die einzige Talgdrüse, die ein Vogel besitzt (bei den Papageien ist sie schwach ausgebildet oder fehlt ganz). Entgegen der

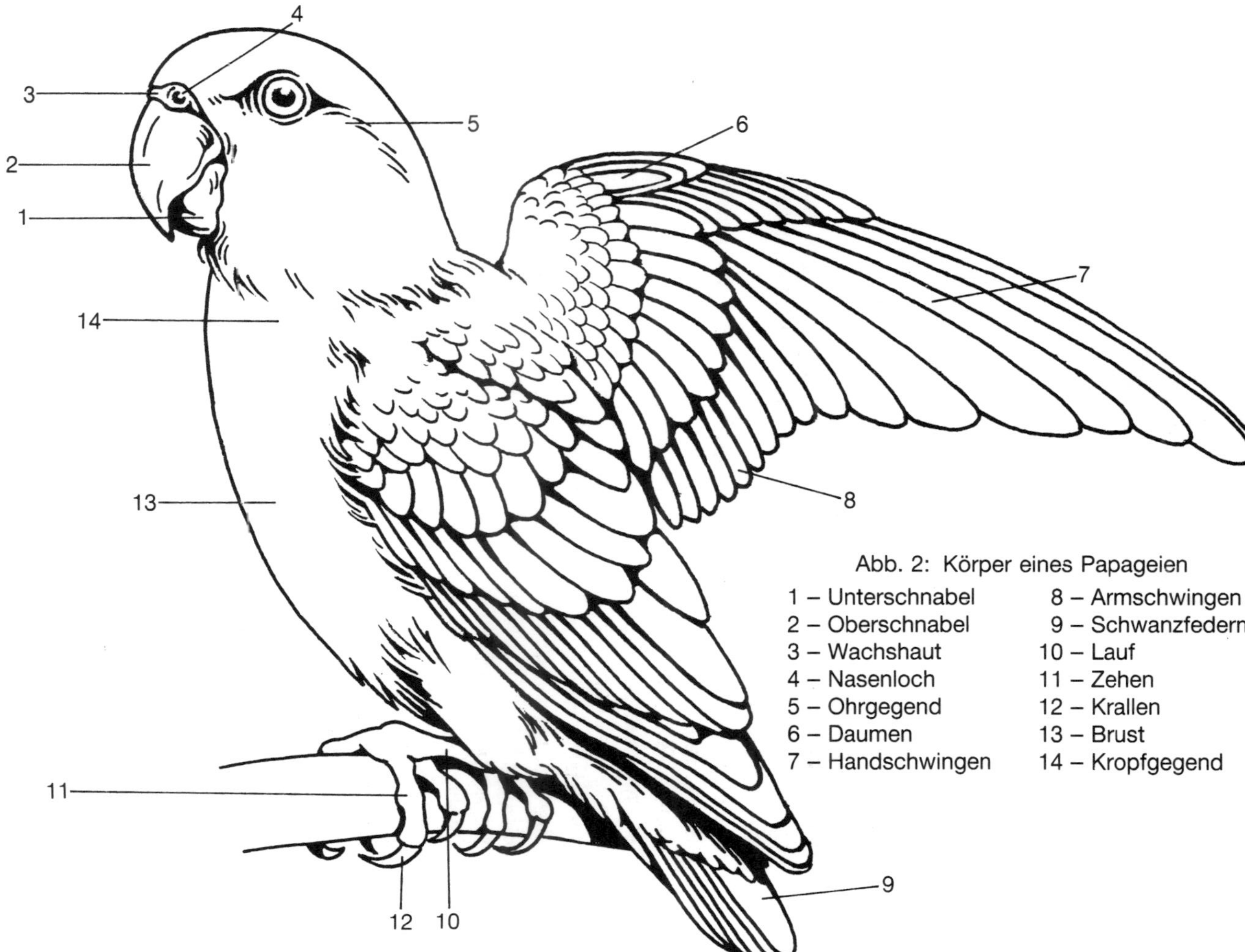

Abb. 2: Körper eines Papageien

1 – Unterschnabel
2 – Oberschnabel
3 – Wachshaut
4 – Nasenloch
5 – Ohrgegend
6 – Daumen
7 – Handschwingen
8 – Armschwingen
9 – Schwanzfedern
10 – Lauf
11 – Zehen
12 – Krallen
13 – Brust
14 – Kropfgegend

weitverbreiteten Meinung dient sie nicht dazu, das Gefieder einzufetten, sondern mit Hilfe ihres Sekretes wird vielmehr das Gefieder sauber und damit isolierend und wasserabweisend gehalten.

3. Sinnesorgane

Unter den Sinneseindrücken, die ein Vogel wahrnehmen kann (Gesichts-, Gehör-, Geschmacks-, Geruchs- und Tastsinn), haben optische und akustische Empfindungen die größte Bedeutung. Vögel sind Augentiere, ihre Augen können bis zu 150 Bilder pro Sekunde einzeln wahrnehmen; das bedeutet, daß sie sogar die einzelnen Lichtimpulse einer Neonröhre sehen können. Das Rotlicht einer Wärmelampe können Vögel nicht erkennen. Farbiges unterscheiden sie gut: gefärbtes Wasser, beispielsweise nach Zugabe von Medikamenten, wird erkannt und dann oft nicht aufgenommen. Daher kann es hilfreich sein, dunkle Trinknäpfe zu verwenden, um den Vogel zu täuschen und so zur Aufnahme des verfärbten Wassers zu bewegen.
Der Geschmackssinn ist bei Vögeln unterschiedlich stark ausgebildet. Besonders Großpapageien sind sehr anspruchsvoll: Sie legen großen Wert z. B. auf frisches Wasser und würden sogar eher verdursten, als mit Medikamenten versetztes Wasser, das sie nicht mögen, zu trinken.

4. Atmungs- und Kreislauforgane

Die Luft wird durch die beiden Nasenlöcher, die in Form und Sitz ganz erhebliche artspezifische Unterschiede aufweisen, eingeatmet. Die Nasenlöcher befinden sich in der Mitte der Wachshaut am Schnabelansatz. Je nach Vogelart ragen die „Nasenklappen", als Teile der mit Riechschleimhaut versehenen Nasenmuscheln, unterschiedlich weit in die Nasenlöcher hinein. Vorsicht ist bei Verstopfung der Nasenlöcher bei Großpapageien geboten – die Nasenklappen sind stark durchblutet, und bei dem Versuch, die Nasenlöcher mit einem spitzen Gegenstand zu reinigen, kann es bei Abwehrbewegungen des Vogels zu erheblichen Blutungen kommen!
Der Wellensittich besitzt lediglich zwei kleine, zapfenförmige Nasenklappen.
Die Wachshaut kommt bei vielen Vogelarten vor (Papageien, Tauben) und ist eine weiche Haut an der Wurzel des Oberschnabels. Sie ist mit Sinneskörperchen versehen und dient als Tastorgan. Verletzungen sind schmerzhaft, und es können erhebliche Blutungen auftreten.
Bei männlichen und weiblichen Wellensittichen kann die Wachshaut unterschiedlich gefärbt sein und so zur Unterscheidung der Geschlechter dienen (siehe Abb. 3, Seite 65).

An der Aufgabelung der Luftröhre in die beiden Hauptbronchen sitzt der Stimmkopf (Syrinx), das Stimmorgan der Vögel. Im Gegensatz zum Menschen, dessen Stimmbänder im Kehlkopf liegen, befindet sich das Stimmorgan der Vögel also viel tiefer im Brusteingang – daher hört sich ein sprechender Vogel häufig wie ein Bauchredner an! Der Vogel kann mit Hilfe verschiedener Membranen im Syrinx „zweistimmig", also mit zwei unterschiedlichen Tönen, zur selben Zeit singen oder sprechen.
Die Bronchen enden nicht blind in der Lunge wie bei uns Menschen, sondern haben durch ein offenes Röhrensystem Verbindung zu den außerhalb der Lunge gelegenen Luftsäcken. Die Luftsäcke bestehen aus sehr dünnwandigen, durchsichtigen Häutchen. Manche erstrecken sich bis in das Innere von Knochen hinein oder liegen zwischen und um die Organe der Brust- und Bauchhöhle.
Bei ausgewachsenen Vögeln sind ein Schlüsselbeinluftsack, ein Halsluftsack, jeweils zwei vordere und zwei hintere Brustluftsäcke und zwei Bauchluftsäcke ausgebildet. Bei der Ausatmung wird die Luft aus bestimmten Luftsäcken abermals durch die Lunge geführt. Man kann also mit Recht sagen, daß die Vögel über das wirkungsvollste Atmungssystem unter allen Tieren verfügen. Durch die Ausbildung der Luftsäcke ist eine größere Luftaufnahme möglich, als wenn nur die Lungen belüftet würden. Dieses spielt eine große Rolle für die Atmung und für das Gewicht des Vogelkörpers (besonders wichtig beim Fliegen!). Dieses System birgt allerdings auch Gefahren, so kann es durch Einatmung besonders von Rauch, aber auch von Staub, zu Ablagerungen im Atemtrakt (Anthrakose = Raucherlunge) und den Luftsackwänden im ganzen Körper kommen.
Ein Zwerchfell als muskulöse Trennung zwischen Brust- und Bauchhöhle ist nicht ausgebildet; dadurch können Umfangsvermehrungen, zum Beispiel Tumoren im Bauchraum, die Atmung beim Vogel besonders leicht und direkt beeinflussen.
Vögel haben einen sehr intensiven Stoffwechsel, der unter anderem durch eine hohe Körpertemperatur von 40 bis 43 °C zum Ausdruck kommt. Das Herz leistet Schwerstarbeit: Es schlägt sehr viel schneller als bei den Säugetieren (bei Finkenvögeln bis zu 1000 Schläge pro Minute!); daher ist der Herzmuskel im Vergleich zum Körpergewicht relativ groß.
Vögel können ihre Körpertemperatur nicht über Schweißdrüsen regulieren, wie wir Menschen. Anstatt zu schwitzen, versuchen sie bei hoher Umgebungstemperatur durch schnelleres Ausatmen Wärme über die Atemluft abzugeben (Finkenvögel bis zu 300 Atemzüge pro Minute). Sie sitzen dann mit geöffnetem Schnabel da und spreizen die Flügel ab.

5. Verdauungsorgane

Archaeopteryx, der fossile Vorgänger unserer heute lebenden Vögel, hatte im Gegensatz zu ihnen Zähne am Schnabel ausgebildet. Die Schnäbel unserer heute lebenden Vögel bestehen aus einem knöchernen Kern, der mit einer Schnabelscheide, einem Gebilde aus Horn, überzogen ist. Es werden bei den überwiegend in Menschenhand gehaltenen Vogelarten vier unterschiedliche Schnabeltypen unterschieden:

1. der Hakenschnabel der Papageien, der sowohl zum Aufknacken harter Futterbestandteile, als auch als Halte- und Kletterwerkzeug dient;
2. der kegelförmige (konische) Körnerfresserschnabel der Finkenvögel, der sehr hart ist und Körner enthülsen kann;
3. der Insektenfresserschnabel, der schmal und beinahe pinzettenartig ausgebildet ist, um tierische Organismen aufpicken zu können;
4. der Schnabel der Nektarfresser (Kolibris, Blattvögel, Brillenvögel) ist dünn, röhrenförmig und kann in Anpassung an bestimmte Blüten extreme Formen zeigen.

Die aufgenommene Nahrung wird im wesentlichen unzerkaut abgeschluckt und gelangt zunächst in eine Aussackung der Speiseröhre, in den Kropf. Er befindet sich vor dem Brusteingang und dient sowohl zur Speicherung als auch zur Vorverdauung des Futters mit Wasser und Sekret aus den Speicheldrüsen. Besonders bei sehr festen, harten Futterbestandteilen ist das vorteilhaft. Körnerfresser wie Kanarienvögel und Wellensittiche haben darum einen relativ großen Kropf, während z. B. Weichfresser nur einen kleinen Kropf besitzen. Fischreiher beispielsweise als Fleischfresser haben gar keinen Kropf ausgebildet.

Bei Papageienvögeln, Finken und Tauben hat der Kropf eine wichtige Aufgabe bei der Fütterung von Jungvögeln zu erfüllen – mit dem hochgewürgten, vorverdauten Kropfinhalt der Alttiere werden die Jungen gefüttert (Kropfmilch).

Unverdauliche Nahrungsbestandteile wie Haare, Federn, Knochen oder Chitinteile von Insekten können von einigen Vogelarten (Greifvögeln, Eulen, vielen Singvögeln) als sogenannte Gewölle aus dem Kropf und Magen wieder ausgespien werden.

Der Magen besteht aus zwei Abteilungen. Im Drüsenmagen wird die Nahrung chemisch durch bestimmte Verdauungssekrete aufgespalten; der Muskelmagen dient dazu, den Nahrungsbrei kräftig durchzukneten und mechanisch zu zerkleinern. Für diese Aufgabe ist seine Wand mit einer mächtigen Muskelschicht versehen und innen mit einer stabilen Hornhaut ausgekleidet. Körnerfresser müssen kleine Steine, sogenannten Magengrit (Quarzkörner), aufnehmen, die im Magen zur mecha-

nischen Zerkleinerung des Futters beitragen. Fehlen sie, kommt es zu Verdauungsstörungen. Gritmangel kann zu Fehlernährung führen, da beispielsweise die Aufnahme von Vitamin A durch die Darmschleimhäute vermindert wird. Die anschließende Passage der Nahrung durch den Darm geht relativ schnell vor sich: Sie dauert beim Wellensittich normalerweise etwa 3 Stunden.
Eine Besonderheit am Darmkanal der Vögel ist die Ausgestaltung des Blinddarmes. Bei Finkenvögeln, Papageien und Tauben sind die Blinddärme weitgehend zurückgebildet und funktionslos. Deutlich ausgebildete Blinddärme finden wir dagegen bei überwiegend Pflanzen fressenden Vögeln (Hühner, Gänse, Straußenvögel, Wachteln).
Der Darmkanal endet in der Kloake; hier wird dem Kot Wasser entzogen, bevor er ausgeschieden wird. Ebenfalls in die Kloake münden die Harnleiter und der Eileiter bzw. die Samenleiter. Kleinvögel haben einen sehr hohen Energiebedarf, ganz besonders bei Kälte oder beim Fliegen. Sie müssen ständig Nahrung zu sich nehmen und werden deshalb auch als „Dauerfresser" bezeichnet. Je kleiner die Vögel sind, um so bedrohlicher wirkt sich ein zeitweiliger Mangel an Futter aus!
Die Kotbeschaffenheit variiert je nach Vogelart und Nahrungsaufnahme. Wellensittiche setzen normalerweise geformte, runde Kotkringel von grünlich-brauner Farbe ab, in deren Zentrum der weiße Urin liegt. Der Kot der Kanarienvögel ist länglich geformt und in der Konsistenz etwas weicher als der der Wellensittiche. Graupapageien zeigen grünliche Kothaufen, die mit einem Netz von weißlichem Urin überzogen sind.
Weichfresser hingegen setzen breiigen, wässerigen Kot ab.
Vögel, die längere Zeit gehungert haben, setzen grünen, gelatineartigen, sogenannten Hungerkot ab.

6. Harnorgane

Die Nieren befinden sich in einer von Beckenknochen geformten Wanne direkt unterhalb der Wirbelsäule.
Die Harnleiter münden in die Kloake. Urin wird zusammen mit dem Kot ausgeschieden und stellt den weißlichen Bestandteil dieser Ausscheidungen dar. Er sieht also völlig anders aus als der (flüssige) Harn der Säugetiere. Chemisch gesehen handelt es sich auch um ein anderes Abbauprodukt; während Säugetiere (auch der Mensch) Harnstoff ausscheiden, werden die Eiweißstoffe beim Vogel zu Harnsäure abgebaut.

7. Geschlechtsorgane

In Inseraten geben Züchter die Geschlechtszugehörigkeit ihrer Vögel zumeist mit einer Zahl an. Die Ziffer vor dem Komma steht für die männlichen, die Ziffer hinter dem Komma für die weiblichen Vögel. Also: 1,0 = männlich und 0,1 = weiblich; 3,2 bedeutet demnach drei männliche und zwei weibliche Tiere.

Weibliche Geschlechtsorgane:
Bei den weitaus meisten Vogelarten ist nur der linke Eierstock ausgebildet. Am Eierstock (Ovar) reifen viele Eizellen in mehreren Schritten heran (Primär-, Sekundär-, Tertiärfollikel). Als Tertiärfollikel, der endgültigen Form der reifen Eizelle, der dem als Dotter bezeichneten Teil des späteren Vogeleies entspricht, reifen aber nur einige heran. Die Follikelbildung wird hormonell gesteuert und hängt mit der Jahreszeit und dem günstigsten Futterangebot zusammen.
Äußerlich erkennbar werden diese Vorgänge an dem Balzverhalten eines Vogelpaares. Die reife Eizelle, Tertiärfollikel, verläßt den Eierstock und gelangt über den Eileitertrichter in den Eileiter.
Hier kann sie von Samenzellen, Spermien, befruchtet werden. Doch auch ohne eine Befruchtung nimmt die Entstehung des Vogeleies ihren weiteren Verlauf. Also ist es durchaus möglich, daß ein schon jahrelang einzeln gehaltener Vogel ein Ei legt, was für den Besitzer oft unbegreiflich ist. Während der Wanderung durch den Legedarm (entsprechend der Gebärmutter der Säugetiere) bis in die Kloake hinein erhält das Ei eine Reservenahrung, das Eiweiß, und eine schützende Schale. Diese Entwicklung dauert 24–48 Stunden. Es vergeht also einige Zeit, bis ein Gelege vollständig ist. Die Zahl der pro Gelege gelegten Eier und ihre Färbung ist genetisch, das heißt im Erbmaterial, festgelegt. Dieses gilt auch für die Brutzeit.

Männliche Geschlechtsorgane:
Im Unterschied zum Säugetier liegen beim Vogel die beiden Hoden in der Bauchhöhle, am vorderen Pol der Niere. Die beiden Samenleiter münden in die Kloake. Im unteren Teil der Kloake befindet sich bei einigen Vogelarten ein minimal ausgebildeter Penis. Bei den weitaus meisten Vogelarten dient das erweiterte Ende der Samenleiter kurz vor dem Eintritt in die Kloake als Samenreservoir. Bei der Befruchtung wird die Kloake hervorgestülpt und der Samen aus den Samenbehältern in die Kloake des weiblichen Tieres entleert.

8. Geschlechtsbestimmung

Die Geschlechtszuordnung ist immer dann nicht schwer, wenn die Vögel äußere Geschlechtsmerkmale aufweisen: Unterschiede in der Ausfärbung des Gefieders, der Größe oder Gewichtsunterschiede. In solchen

Fällen sprechen wir von Geschlechtsdimorphismus. Als Beispiel eines besonders deutlich ausgeprägten Geschlechtsdimorphismus sei der Edelpapagei genannt: das Männchen ist grün, das Weibchen rot gefärbt.

Wellensittich
Bei männlichen Jungtieren ist die Schnabelwachshaut rosa-blau bis lila gefärbt, im Alter wird sie blau und hat eine glatte Oberfläche (siehe Abb. 3, S. 65). Die Tiere sind fleißig in der Nachahmung von Geräuschen. Bei männlichen gelben Wellensittichen mit roten Augen (Lutinos) oder auch bei hellen Farbschlägen, sogenannten Falben, ist die Wachshaut rosa bis violett gefärbt.
Bei weiblichen Jungtieren ab der dritten Woche sind die Ränder der Nasenlöcher deutlich heller gefärbt. Die endgültige Umfärbung erfolgt mit 6–9 Monaten: Die Wachshaut ist braun und zeigt eine rauhe Oberfläche (siehe Abb. 3, S. 65).

Kanarienvögel
Die Kloake der Männchen steht ab dem 4. Lebensmonat deutlich in einem 90°-Winkel von der Bauchwand ab und ist mit einem Kranz langer Pinselfedern umstellt. Mit einem Alter von 5 Monaten fängt der Vogel an zu singen.
Die Kloakenrosette liegt beim Weibchen auf gleicher Höhe mit der Bauchwand, ohne sich deutlich von ihr abzusetzen. Weibliche Kanarienvögel singen nicht so intensiv und schön wie die männlichen, sondern piepen eher.

Nymphensittich
Männchen zeigen nach der Jugendmauser eine eintönige (granuliert oder einfarbig) dunkle Färbung an der Unterseite der langen Schwanzfedern. Die roten Wangenflecke sind deutlicher ausgebildet als bei den Weibchen.
Der Schwanz ist bei Jungtieren und erwachsenen Weibchen quergestreift und deutlich gelb gefärbt.

Zebrafink
Männliche Tiere der Wildform besitzen einen orange-braunen Ohrenfleck und einen deutlich korallenrot gefärbten Schnabel.
Weibchen haben keinen Ohrenfleck ausgebildet. Der Schnabel ist eher orangerot und nicht so kräftig gefärbt.

Mosambiquegirlitz
Die Männchen zeigen eine gelbe Kehle, während die Weibchen Federflecken in diesem Bereich haben, die einer Perlenkette ähneln.

Graupapagei
Obwohl das Männchen eine breite, flache Kopfform besitzt und die Form des Auges runder ausgeprägt zu sein scheint, muß in einigen Fällen zur sicheren Geschlechtsbestimmung „endoskopiert" werden (Seite 46). Im allgemeinen sind Weibchen kleiner als Männchen, zeigen eine hellere Gefiederzeichnung und schlitzförmige Augen.

Weißhauben- und Gelbhaubenkakadu
Männchen zeigen eine braune bis schwarze Färbung der Augen (Iris). Die Iris ist bei ausgewachsenen Weibchen rot gefärbt.

Molukkenkakadu
Das Männchen zeigt eine schwarze Iris, das Weibchen eine braune.

Agaporniden
Das gespreizte Schwanzgefieder beim Männchen dieser afrikanischen Kleinpapageien zeigt eine spitze Form, während es beim Weibchen stumpf endet.
Geschlechtsmerkmale anderer Vogelarten siehe KAAL (1982).

Wenn deutliche äußere Geschlechtsmerkmale fehlen, was bei vielen Papageienvögeln der Fall ist, besteht keine Möglichkeit, anhand des Verhaltens das Geschlecht zu erkennen! Auch wenn zwei Vögel sich wie ein Paar verhalten, kommt es immer wieder vor, daß es sich um gleichgeschlechtliche Vögel handelt. In diesen Fällen gibt es drei Möglichkeiten einer Geschlechtsbestimmung:
1. Hormonbestimmung: Der Nachweis von männlichen (Testosteron) oder weiblichen (Östrogen) Hormonen in Blut oder Kot von Vögeln ist möglich, aber nur in Zeiten der Balz sicher anzuwenden. Bislang wird die Hormonbestimmung nur in wenigen Speziallabors durchgeführt.
2. Chromosomendifferenzierung aus Blutzellen: Chromosomen sind Träger der Erbanlagen. Sie befinden sich im Zellkern der Körperzellen. Das Geschlecht wird durch zwei Geschlechtschromosomen bestimmt. Beim männlichen Vogel handelt es sich um ein Paar identischer Chromosomen pro Zelle, beim weiblichen Vogel besteht dieses Paar aus zwei unterschiedlichen Geschlechtschromosomen.
3. Endoskopie: Die Endoskopie ist die bislang am häufigsten durchgeführte Methode (zur Durchführung siehe Seite 46). Neben der Geschlechtsbestimmung kann zugleich auch eine generelle Beurteilung des augenblicklichen Entwicklungszustandes der Geschlechtsorgane und des Gesundheitszustandes der anderen Bauchorgane (!) erfolgen.

9. Brutverhalten

Alle Vogelarten werden in zwei große Gruppen gegliedert: Die Jungen der „Nestflüchter" haben bereits beim Schlupf ein Dunenkleid ausgebildet und können laufen. Die Augen sind offen, so daß sie unter Anleitung der Elterntiere ihr Futter selber suchen können. Zu dieser Gruppe gehören alle Hühnervögel und Wassergeflügel.
Als „Nesthocker" wird ein Vogel dann bezeichnet, wenn seine Jungen blind und unbefiedert aus dem Ei schlüpfen und bis zur vollen Befiederung und Flugfähigkeit von den Eltern mit Futter versorgt werden. Zu dieser Gruppe gehören alle Singvögel und Papageien.
– Alle zur Ordnung der Psittaciformes gehörenden Vögel (Wellensittich, Papageien) sind monogam, das heißt, sie leben in Einehe zusammen. Leben und Brüten spielt sich bei freilebenden Tieren in der Regel in großen Schwarmverbänden ab. Lediglich bei Platzmangel oder fehlendem Nahrungsangebot kommt es zu Aggressionsverhalten, ganz besonders während der Brutzeit. Wellensittiche und Großpapageien sind Höhlenbrüter. Der Wellensittich ist in einem Alter von 9 Monaten geschlechtsreif und legt dann zweimal im Jahr 6–8 Eier. Bebrütet werden die Eier 18 Tage lang. Die Jungen sind im Alter von 7 Wochen selbständig und können abgegeben werden. Wellensittiche sind sehr soziale Tiere; eine Brut gelingt am besten, wenn wenigstens 3 Paare zur Brut schreiten. Als sogenanntes Aufzuchtfutter werden besonders eiweißreiche Futtermittel gegeben: Eifutter, Keimfutter und Grünzeug.
Amazonen legen 2–3 Eier pro Gelege und brüten 28–30 Tage.
– Die Singvögel sind Angehörige der Ordnung Sperlingsvögel (Passeriformes). Diese Ordnung hat den Namen durch das Verhalten der Nestlinge: Sie sperren die Schnäbel auf, wenn sie Hunger haben und gefüttert werden wollen.
Finkenvögel brauchen als Schlüsselreiz für ihr Brutverhalten auf alle Fälle eine „Voliere", also einen so großen Käfig, daß sie fliegen können, ebenso ein Nest und Nistmaterial (z. B. Kokosfasern).
Die Zucht von Finkenvögeln ist besonders dann nicht einfach, wenn, wie bei vielen Finkenarten, Lebendfutter benötigt wird. Kanarienvögel haben eine Brutzeit von 13–14 Tagen und legen 4–6 Eier. Das Weibchen brütet alleine, es wird auf dem Nest sitzend vom Hahn mit Futter versorgt und verläßt das Gelege nur, um Kot abzusetzen und um zu trinken.

10. Altersbestimmung

Vögel können ein relativ hohes Alter erreichen: z. B. Wellensittiche, Nymphensittiche bis zu 25 Jahre, Amazonen 30 Jahre und älter.

Allgemeingültige Regeln zur genauen Altersbestimmung gibt es leider nicht. Es lassen sich lediglich einige Hinweise geben, die im wesentlichen auf unterschiedliches Aussehen von Jung- und Alttieren Bezug nehmen, zum Beispiel die Kontrastarmut eines jugendlichen Gefieders, die dunklen „Kinderaugen" der Jungtiere, der Grad der Hornschuppenausbildung an den Zehen, die Färbung der Schnäbel, die bei Jungtieren oft sehr viel weniger intensiv ausgebildet ist.

– Ein Wellensittich hat bis zum Alter von 6–8 Monaten, also bis zur Jugendmauser, eine Wellenzeichnung des Stirngefieders (daher der Name „Wellensittich"). Auch werden die Kehltupfer erst bei einem mindestens halbjährigen Vogel zur Ausbildung kommen.

– Ein Graupapagei hat bis zum Alter von 6 Monaten eine schwarze bis graue Iris, später wird sie gelb oder orange.

II. Haltung, Fütterung und Pflege

1. Was vor dem Erwerb eines Vogels bedacht werden sollte

Der Kauf eines Vogels darf nicht voreilig erfolgen und nicht nur einer vorübergehenden Laune entspringen. Ein Wellensittich kann nämlich bis über 25 Jahre alt werden und ein Graupapagei – von einem 20jährigen Menschen gekauft – wird vielleicht noch im Testament seines Besitzers Erwähnung finden müssen.

– Jeder Vogel, sei er noch so klein und preiswert, hat ein Recht auf artgerechte Haltung. Vögel sind Lebewesen und keine Ergänzung der Wohnungseinrichtung, kein Modeartikel oder Spielzeug. Leider sind sie auch entgegen einer allgemein verbreiteten Meinung keine „pflegeleichten" Hausgenossen. Der zukünftige Vogelhalter sollte deshalb im Kreise seiner Familie ernsthaft und kritisch prüfen, ob er seinem Pflegling eine „artgerechte Haltung" gewährleisten kann (Tierschutzgesetz Seite 115): Welche Ansprüche stellt der Vogel an Käfiggröße und Futter? Wo kann der Vogel untergebracht werden? Steht ausreichend Geld und Zeit zur Verfügung? Wer pflegt den Vogel im Urlaub?

– Soll oder muß ein Vogel Gesellschaft durch Artgenossen bekommen? Dann muß geklärt werden, ob nach dem Kauf die Möglichkeit einer 6wöchigen getrennten Haltung besteht (Quarantäne), um einer eventuellen Krankheitsübertragung vorzubeugen, und ob der bisher vorhandene Platz für weitere Tiere ausreicht.

Können nicht alle diese Fragen befriedigend beantwortet werden, dann sollte auf die Anschaffung verzichtet werden.

2. Was bei dem Erwerb eines Vogels bedacht werden sollte

– Ein Vogel sollte möglichst direkt vom Züchter oder in einer Zoofachhandlung gekauft werden, denn dort ist Hilfe bei Fragen zur Haltung und Auskunft über die bisherige Fütterung zu erhalten. Außerdem kann ein persönlicher Kontakt mit Fachkundigen bei später eventuell auftretenden Problemen nützlich sein.

– Der Vogel wird im Käfig beobachtet, ohne ihn dabei zu beunruhigen. Sitzt er aufgeplustert da? Wird die Sitzstange nicht kräftig mit den Zehen umschlossen? Ist das Gefieder kotverschmutzt? Wippt der Schwanz bei jeder Atmung? Gibt sich der Vogel auffällig „zahm"? Ein solcher Vogel ist nicht gesund; er sollte nicht gekauft werden (siehe Abb. 8B, S. 41). Es sollte also nicht der ruhigste Vogel ausgesucht werden, denn es handelt sich nicht unbedingt um ein liebes und zahmes, sondern viel wahrscheinlicher um ein krankes Tier.

– Ein gesunder Vogel hat wache Augen, nimmt Anteil an der Umgebung, ist in eine Schar weiterer Vögel integriert und wird sich jedem Fangversuch durch Flucht entziehen (siehe Abb. 8A, S. 41).

3. Haltung und Haltungsfehler

Um eine, vom Tierschutzgesetz geforderte, „artgerechte" Haltung (siehe Seite 48) gewährleisten zu können, sollte bekannt sein, ob der Vogel in erster Linie Kletter- oder Flugvogel ist, wie er seine Nahrung aufnimmt, ob er im Schwarm oder als Einzelgänger lebt.

A. Käfighaltung

Der bei uns am häufigsten einzeln gehaltene Heimvogel ist der Wellensittich. Die gelb-grüne Wildform lebt in großen Schwärmen in Australien. In Europa wird der Wellensittich seit 1834 gezüchtet und hat sich in erstaunlicher Weise dem Menschen als Partner angeboten. Diese Tatsache ändert aber nichts daran, daß dieser Vogel Flügel besitzt, um auch mit ihnen zu fliegen!

Käfig

Generell gilt, daß der Käfig so groß wie möglich sein sollte, zumal wenn die Tiere ihn ein Leben lang nicht verlassen werden. Für Wellensittiche, Kanarienvögel und Zebrafinken sollte das Bauer länger als hoch sein, um auch ein Fliegen zu ermöglichen. Für Klettervögel (Wellensittiche, Großpapageien) sollte das Bauer mit Querstreben und einem flachen Käfigdach zum Klettern ausgestattet sein.

Runde Käfige sind in jedem Fall abzulehnen, da sie den Vögeln weder genügend Möglichkeiten zum Klettern, geschweige denn zum Fliegen bieten. Durch die stark eingeschränkte Bewegungsfreiheit kommt es häufig zu Verhaltensstörungen mit sogenannten Zwangs- oder Manegebewegungen.

Die regelmäßige, wöchentliche Reinigung sollte mechanisch mit Wasser und Neutralseife erfolgen. Anschließend muß gründlich getrocknet werden, bevor der Vogel wieder in seine Behausung hinein darf.

Stangen

Der Käfig sollte nur so viele Stangen enthalten (2–3), daß sie weit genug voneinander entfernt sind, um den Vogel auch zur Benutzung seiner

Flügel zu zwingen. Als Stangenabstand im Wellensittich- und Kanarienvogelkäfig sind 40 cm zu empfehlen. Weiden- oder Obstbaumzweige mit Rinde eignen sich am besten; sie sind weich, haben unterschiedliche Durchmesser (siehe Abb. 4) und darüber hinaus noch wertvolle Inhaltsstoffe. Diese Zweige sollten zweimal im Jahr ausgewechselt werden, am besten im Frühjahr und vor dem Winter. Viereckige Sitzstangen sind in jedem Fall abzulehnen.
Plastikstangen sind viel zu hart und fördern, ebenso wie das zur Abnutzung der Krallen angebotene Schmirgelpapier auf den Stangen oder dem Käfigboden, die Entstehung von Druckstellen und Sohlengeschwüren an den Fußgelenken und Zehen der Vögel (siehe Seite 102).
Die normalen, üblichen Hartholzstangen (Buchenholz) haben alle den gleichen Durchmesser von 12 mm, so daß die Gelenke der Füße immer in der gleichen Stellung belastet werden – es kann zu Druckgeschwüren und Entzündungen kommen. Naturzweige haben unterschiedliche Durchmesser, sind durch die Rinde weich und erlauben dem Vogel darüber hinaus bei entsprechender Anbringung, auch einmal in anderer Ebene mit den Zehen greifen zu können.

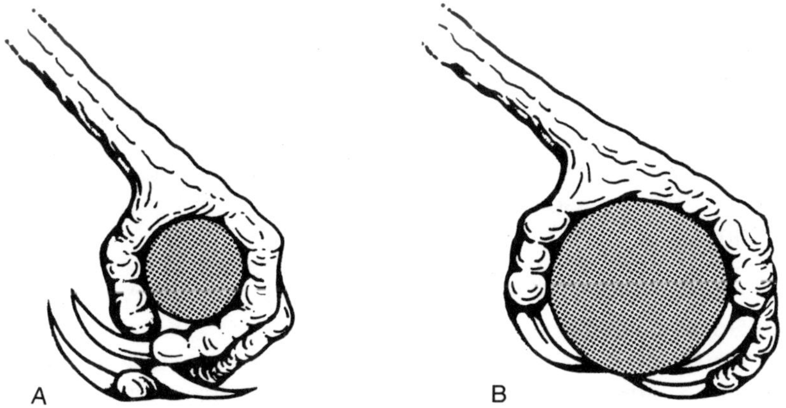

A B

Abb. 4A: Falsch. Sitzstange hat zu geringen Durchmesser, es kommt zu ungenügender Abnutzung der Krallen mit entsprechender Zunahme des Längenwachstums.
Abb. 4B: Richtig. Sitzstange hat richtigen Durchmesser.

Käfigboden

Um eine schnelle und gründliche tägliche Reinigung zu gewährleisten, legt man den Käfigboden statt mit Sand mit Haushaltspapier aus. Kot- und Harnbeschaffenheit können so gut kontrolliert werden, und es wird kaum Staub aufgewirbelt. Bei Sandeinstreu besteht auch die Gefahr, daß der Vogel gleichzeitig mit dem Sand vom Käfigboden Kot und eventuell Keime und Parasiten aufnimmt. Diese Gefahrenquelle wird geringer, wenn dem Vogel Sand und Grit in kleinen Näpfen angeboten wird, so daß er keine Veranlassung mehr hat, zwischen seinen Kotklecksen auf dem Boden nach Gritsteinen zu suchen.
Vögel, die regelmäßig Fleisch oder Insekten als Nahrung bekommen, sollten wegen der Gefahr von Parasitenbefall gar keine Gelegenheit haben, ihren eigenen Kot aufzunehmen. Der Käfigboden wird in diesem Fall mit einem Gitter abgedeckt.

Gritsteine und Kalk

Magengrit (Aquariumkies oder -sand) kann entweder separat in kleinen Hängenäpfen oder zusammen mit dem Futter angeboten werden. Körnerfresser sind zur mechanischen Futterzerkleinerung der Nahrung im Muskelmagen auf Gritsteine angewiesen.
Besonders in Zeiten erhöhten Kalkbedarfs (Brutsaison, Mauser) ist darüber hinaus eine ausreichende Versorgung mit Kalk wichtig. Er wird in Form von Kalkstein, Sepiaschale (vorher wässern) oder Kalkgrit (gewaschene, zerkleinerte Muschelschalen) bereitgestellt.

Futter- und Trinknäpfe

Futter und Wasser wird in Näpfen angeboten. Diese sollten nicht direkt unter einer Sitzstange angebracht werden, so daß eine Verunreinigung mit Kot und Harn ausbleibt; eine Abdeckung ist dafür zusätzlich nützlich. Futter- und Wassernäpfe werden täglich gereinigt und anschließend gut getrocknet.
Auch Futterautomaten, die sich im übrigen nur für trockenes Körnerfutter eignen, müssen täglich kontrolliert werden, zumal der Auslaß schnell durch Spelzen verstopfen kann.
In Trinkwasserautomaten können sich bei direkter Lichteinstrahlung besonders schnell Algen bilden und daher muß nicht nur ein tägliches Nachfüllen, sondern auf alle Fälle auch eine tägliche Säuberung erfolgen!

Einzelhaltung

Vögel sollten nur dann einzeln gehalten werden, wenn der Besitzer bereit ist, viel Zeit zu investieren und sich ausgiebig mit dem Tier befassen kann. Zur Einzelhaltung unter diesen Voraussetzungen eignet sich der Wellensittich, der Ara und der Kakadu. Unzertrennliche oder Zebrafinken müssen immer paarweise gehalten werden!

Bademöglichkeit
Mindestens einmal wöchentlich sollte jeder Vogel die Möglichkeit zum Baden haben. Entweder bekommt er ein Badegefäß in den Käfig gestellt oder er wird mit einer Blumensprühflasche mit frischem Wasser abgeduscht. Vorsicht! In Sprühflaschen können sich Bakterien ansiedeln.
Man verwendet kaltes Wasser, weil warmes in das Federkleid eindringen und so eine Erkältung entstehen kann. Anschließend nicht frottieren, nicht fönen, sondern den Vogel lediglich in einen warmen, zugfreien Raum setzen!

Standort des Käfigs
Der Käfig sollte in Augenhöhe des Menschen aufgestellt werden und mit einer Seite an der Wand stehen. Der Standort des Käfigs sollte möglichst selten gewechselt werden. Der Käfig darf nicht der direkten Sonneneinstrahlung (Fensterbank) ausgesetzt sein. Die Küche ist wegen der Essensdämpfe und der Gefahrenquellen beim Freiflug sowie wegen Vergiftungsmöglichkeiten kein idealer Platz für einen Vogelkäfig (siehe auch Seite 48).
Um dem Vogel ein Gefühl von Sicherheit und Geborgenheit zu geben, bieten sich Bruthöhlen für Papageien und Nistkörbchen für Prachtfinken an. Die Tiere können sich dann auch einmal den Blicken des Besitzers entziehen. Außerdem sollte jedes Bauer nachts abgedeckt werden, so daß der Vogel selbst bei künstlicher Beleuchtung und Fernsehberieselung feste Tages- und Nachtzeiten einhalten kann.

Licht
Vögel sind in ihren Lebensäußerungen stark abhängig vom Tageslicht. Tageslänge und Jahreszeit beeinflussen maßgebend die Aktivitäten und den Lebensrhythmus.
Futter wird nur im Hellen aufgenommen, so daß es im Winter besonders bei Exoten zu mangelnder Futteraufnahme mit Abmagerung kommen kann. Die Verlängerung der Tageslichtlänge im Frühjahr führt zur Anregung der männlichen und weiblichen Keimdrüsen. Käfigvögel sollten daher im Sommer Zugang zu Sonnenlicht haben. Sie müssen aber jederzeit die Möglichkeit haben, in den Schatten auszuweichen und dürfen keinesfalls der prallen Sonne schutzlos ausgesetzt werden. Durch die Sonnenlichtbestrahlung kann Störungen der Mauser, des Hormonhaushaltes und des Stoffwechsels vorgebeugt werden; so wandeln

Sonnenstrahlen Vorstufen von lebenswichtigen Vitaminen in die wirksamen Endstufen um (Vit. D, Seite 33).
Günstig bei Sonnenlichtmangel (Kellervolieren) sind Lampen, deren Licht auch UV-Strahlen abgibt, beispielsweise die „True-Lite-Lampen". Sie sollten aber regelmäßig gewechselt werden, da es bei Überalterung zu einer Erhöhung des UV-Anteils im Licht und dadurch hervorgerufene Futtermittelsterilisationen und Zerstörungen der normalen Keimbesiedlung im Darm kommen kann.

Luft
Bedingt durch ihre hohe Stoffwechselaktivität haben Vögel einen großen Sauerstoffbedarf. Unterbringung in schlecht gelüfteten, staubigen Räumen sollte vermieden werden. Auf keinen Fall dürfen Vögel Zugluft ausgesetzt werden, Krankheiten der Atemwege können die Folge sein (siehe ab Seite 89).
Eine Luftfeuchtigkeit von 60–70 % gilt für unsere Stubenvögel als optimal. Im Winter sollten daher Wasserbehälter an die Heizkörper der Wohnräume gehängt werden.
Über das Für und Wider sogenannter „Ionisatoren" in der Vogelhaltung gibt es bislang keine wissenschaftlichen Untersuchungen. Sollte eine Verminderung der Staubpartikel in der Luft festgestellt werden, könnte durchaus eine positive Wirkung in bezug auf Erkrankungen der Atemwege erreicht werden.

Temperatur
Der Tag- und Nachtrhythmus sollte auch durch unterschiedliche Raumtemperaturen zum Ausdruck kommen.
Bei zu hohen Temperaturen (über 40 °C) versuchen Vögel sich durch Abspreizen der Flügel und Atmen mit geöffnetem Schnabel (Hecheln) abzukühlen. Die Federn werden eng an den Körper angelegt, um die isolierende Luftschicht so klein wie möglich zu bekommen. Dieses „Schlankmachen" zeigen Vögel auch bei Angst oder Aufregung.
Bei zu niedriger Umgebungstemperatur sitzen Vögel aufgeplustert, um so die isolierende Luftschicht ihres Federkleides zu vergrößern. Dies Aufplustern ist bei einem gesunden Vogel bei kalten Außentemperaturen eine ganz normale Reaktion. Wenn sich der Vogel bei für ihn normalen Temperaturen so aufplustert (siehe Abb. 8B, Seite 41), ist dies meistens ein Zeichen für eine Erkrankung.

B. Volierenhaltung

Der Name Voliere leitet sich von dem französischen Wort für Fliegen „voler" ab. Es handelt sich bei Volieren also um Käfige, die so groß sind, daß die Vögel in ihnen fliegen können. Wir unterscheiden zwischen Zimmer- und Freivolieren.

Die häufigsten Fehler bei der Volierenhaltung sind:

- Überbesatz
- Zusammenbringen unverträglicher Vogelarten in einer Voliere
- fehlende Deckungsmöglichkeit, unzureichender oder fehlender Schutz vor Regen oder Wind
- fehlende Quarantäne für zugekaufte Vögel
- schlechte Hygiene des Käfigbodens (Anreicherung von Parasiten), Verunreinigung durch Wildvögel
- fehlender Schutz vor Greifvögeln, Katzen, Mardern, Ratten und Mäusen.

4. Fütterung

A. Allgemeiner Teil

Fütterungsfehler zählen zu den häufigsten Ursachen für Erkrankungen von in Einzelkäfigen gehaltenen Ziervögeln. Grund dafür ist oft die ungenügende Kenntnis der Besitzer über Futterbedarf und -gewohnheiten der Vögel.

Ein kleiner Vogel kann sterben, wenn er für ein paar Stunden kein Futter vorfindet! Im Urlaub ist es also nicht möglich, den Vogel zu Hause zu lassen und womöglich Futter für eine Woche in sein Bauer zu streuen in der Hoffnung, der Vogel würde sich die Menge einteilen. Auch reicht es nicht, wenn ein Nachbar einmal am Tag nach dem Vogel sieht.

a) Futtermischungen

Vogelfutter muß immer kühl und trocken gelagert werden. Riecht das Futter muffig, ist es von Futtermilben befallen, sollte es nicht verfüttert werden!

Die weitverbreitete Meinung, daß Körnerfresser ausschließlich vegetarisch ernährt werden brauchen, ist falsch! Außerdem ist ein Futterangebot abzulehnen, das jahreszeitliche Schwankungen nicht beachtet, da es hierdurch zu Stoffwechsel- und Fortpflanzungsstörungen kommen kann. Die handelsüblichen Futtermischungen für Körnerfresser (Kanarienvögel, Wellensittiche) setzen sich aus Pflanzensamen zusammen, die im wesentlichen Kohlenhydrate (Stärke, Zucker) enthalten, so daß bei ausschließlicher Fütterung ein Mangel besonders an tierischem Eiweiß und Vitamin A entstehen würde. Darüber hinaus ist das Verhältnis von

Kalzium und Phosphor ungünstig, so daß es für Jungtiere zu ungenügender Einlagerung von Mineralstoffen in die Knochen kommen kann (siehe Seite 104).

b) Eiweiß

Um einem Mangel an Eiweiß durch ausschließliches Körnerfutter vorzubeugen, wird zusätzlich tierisches Eiweiß in Form von Ei (10 Minuten kochen), Quark, Frischkäse, Joghurt oder Schabemett angeboten. Lebendinsekten siehe Seite 35. Ein erhöhter Bedarf an Eiweiß besteht während der Mauser und in Zeiten der Eibildung.
Zum Knabbern und zur Beschäftigung werden besonders im Frühjahr Obstbaumzweige mit frischen Knospen angeboten. Sie zeichnen sich sowohl durch ihren Eiweißgehalt als auch durch den hohen Anteil an Gerbsäuren und Ballaststoffen aus.
Unter Keimfutter versteht man längere Zeit im Wasser gequollene und gekeimte Samen. Durch diese Vorbehandlung kommt es zu besserer Verdaulichkeit und zur Anreicherung von Vitaminen. Auch der Eiweißgehalt wird erhöht. Bei diesem Futter ist aber Vorsicht bei warmem Wetter geboten! Es kann verderben, und Schimmelpilze können sich entwickeln (siehe Seite 108).

c) Wasser

Die tägliche Wasseraufnahme eines Vogels schwankt zwischen 10 und 50 % des Körpergewichtes und ist von der Umgebungstemperatur und der Futterbeschaffenheit abhängig. Nicht zuletzt wegen dieses ungleichmäßigen Wasserkonsums ist die Verabreichung von Medikamenten über das Trinkwasser problematisch und relativ unsicher.
Mit dem Trinkwasser nimmt der Vogel auch Jod auf, welches in die Schilddrüsenhormone eingebaut wird. Da der Vogel auch Mineralstoffe mit dem Trinkwasser aufnimmt, sollte weder abgekochtes, noch gefiltertes Wasser gegeben werden, eher eignet sich Mineralwasser ohne Kohlensäure oder normales Leitungswasser (ungechlort).

d) Mineralstoffe

Diese anorganischen Substanzen werden vermehrt zu Zeiten des Wachstums, der Mauser und der Legetätigkeit gebraucht. Die einfachste und billigste Möglichkeit ist Zugabe von zerkleinerten Eischalen (von 10-Minuten-Eiern) oder Muschelkalk zum Futter (Muschel- und Sepiaschalen müssen vorher wässern, da Salz in hoher Konzentration giftig ist für

Vögel, siehe Seite 107). Mangel an Kalzium und Phosphor führt bei Jungvögeln zu Rachitis (Seite 104), bei Altvögeln zu Knochenweiche. In der Zuchtperiode kann es zu Legenot kommen (Seite 100).
Während der Behandlung mit manchen Antibiotika (Tetracycline) sollte auf die Gaben von Kalk verzichtet werden, da es sonst zu einer Neutralisierung des Antibiotikums kommt.

e) Vitamine

Vitamine sind lebensnotwendig, da sie Bestandteile verschiedener Hormone und Fermente sind und wichtige Funktionen im Stoffwechsel übernehmen (vita = Leben). Die Vitamine A, D, E sind fettlöslich und können im Körper gespeichert werden. Nur bei diesen Vitaminen kann es daher auch zur Überdosierung kommen.
Von den Vitaminen können die meisten Vögel lediglich Vitamin C und D selbst herstellen, alle anderen Vitamine müssen mit der Nahrung zugeführt werden.
Vitamine holt sich der Vogel aus Obst wie Apfel, Banane, Apfelsine, aus Gemüse wie Paprika und Petersilie oder aus Grünzeug wie Vogelmiere und Löwenzahn. Kopfsalat kann ebenfalls angeboten werden, sollte aber, falls er nicht aus dem eigenen Garten stammt, gründlich gewaschen und nur in kleinen Portionen angeboten werden. Löwenzahn und Vogelmiere sollten nicht gerade von Straßenrändern gepflückt werden – die in ihnen enthaltenen Abgasrückstände könnten Vergiftungserscheinungen auslösen. Kohl und Schotengemüse sollten nur in kleinen Mengen gegeben werden, da sie zu Blähungen führen können.
– Vitamin A – In tierischen Produkten wie Ei ist das fertige Vitamin enthalten. In Grünfutter wie Vogelmiere, Salat, Karotten oder Mais tritt es in Form einer Vorstufe auf (Carotin).
Nimmt der Vogel keinen der genannten Vitaminträger auf, sollte Vitamin A in der Dosierung 4000–5000 Internationale Einheiten (I. E.) je Liter dem Trinkwasser zugesetzt werden; eine Überdosierung kann unter anderem Allgemeinstörungen, Hautentzündung und Federverlust herbeiführen. Mangelerkrankungen siehe Seite 104.
– Vitamin D – In handelsüblichen Samenmischungen fehlt häufig Vitamin D. Zur Umwandlung des Provitamins (Ergosterin, 7-Dehydrocholesterin) bedarf es des Sonnenlichtes. Vitamin D fördert den Einbau von Kalzium und Phosphor in den Knochen und wird deshalb auch Antirachitisvitamin genannt. Weichfresser sollten bis zu 2000 I. E. Vitamin D_3 pro kg Weichfutter angeboten bekommen bzw. 500 I. E. je kg Gesamtration.
– Vitamin E kommt in fetthaltigen Getreidekörnern wie Leinsamen, Raps, Rübsen, Hanf und Negersaat vor. Es hat wichtige Funktionen beim

Stoffwechsel und im Fortpflanzungsgeschehen. Bei Verfütterung großer Mengen ranziger Getreidekörner kann es zu Mangelerscheinungen wie herabgesetzte Befruchtungsraten, Gehirnschäden, Zittern, Kopfdrehen usw. kommen.

– B-Vitamine können im Vogelkörper nicht gespeichert werden und müssen daher regelmäßig zugeführt werden. Sie sind in Hefe, Eiern, frischem Gemüse und Pflanzenkeimlingen enthalten, werden aber auch von den Darmbakterien aufgebaut. Besonders beim Beo mit ausschließlicher Mehlwurmfütterung sind Vitamin-B-Mangelerscheinungen beschrieben. Es kommt zu Lähmungen der Zehen oder zu Krämpfen mit Faustbildung an den Füßen.

Ein Wellensittich, der lange Zeit Durchfall gehabt hat, sollte zur Rekonvaleszenz täglich 0,005 mg Vitamin B_{12} bekommen. Nach einiger Zeit werden sich die Darmbakterien so weit regeneriert haben, daß Vitamin B wieder selber aufgebaut werden kann.

B. Spezieller Teil

a) Wellensittich

Das Idealgewicht eines normalen Wellensittichs liegt zwischen 35 und 40 Gramm, bei Schauwellensittichen zwischen 50 und 60 Gramm. Ein gehäufter Teelöffel einer handelsüblichen Körnermischung für zwei Mahlzeiten pro Tag als Grundfutter neben Obst und Eiweiß ist ausreichend (siehe Seite 59). Großsittiche (z. B. Nymphensittich) bekommen neben dem für sie angebotenen Körnerfutter Obst, Gemüse und Eiweiß ebenso wie der Wellensittich.

b) Großpapagei

Nahrungsbedürfnisse der in Menschenhand gehaltenen Papageien sind nur lückenhaft bekannt. Sind Papageien erst auf eine bestimmte Nahrung geprägt, können sie zu ausgesprochenen Nahrungsspezialisten werden: Es gibt Graupapageien, die ausschließlich weiße Sonnenblumenkerne fressen und die Aufnahme jeglichen anderen Futters verweigern. Mangelerscheinungen sind die Folge.

Mengenmäßig sollte ein Graupapagei täglich 10–15 % seines Körpergewichtes als Nahrung aufnehmen.

Wildlebende Amazonen (Südamerika) leben hauptsächlich von verschiedenen Sämereien und Früchten. Ab und zu wird tierisches Futter genommen.

An Obst und Gemüse kann man Großpapageien alles anbieten, was auf dem Markt ist; neben den schon im allgemeinen Teil aufgezählten Obstsorten können Beeren z. B. von Eberesche, Hagebutten, Holunderbeeren oder Beeren vom Weißdorn angeboten werden. Diese Beeren lassen sich gut einfrieren, so daß das ganze Jahr über vitaminreiche Kost zur Verfügung steht.

Das Angebot an tierischem Eiweiß sollte auch Larven und Insekten enthalten, Obstbaumzweige mit Knospen und zusätzlich Kotelettknochen (ungesalzen) oder Hundekuchen. Möhren als Träger der Vorstufe des Vitamin A sind besonders wichtig, da die meisten in Gefangenschaft gehaltenen Großpapageien an Vitamin-A-Mangel leiden (Seite 105). Auch Maiskolben beknabbern Papageien gerne.

Als Beispiel einer nahezu vollwertigen Ernährung sei hier die sogenannte „Utrechter Mischung" vorgestellt.

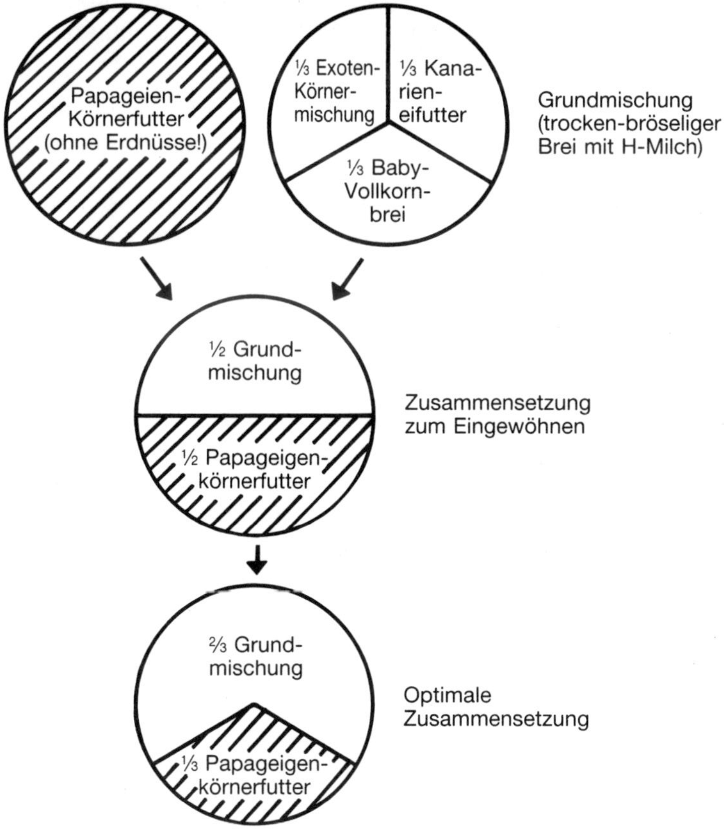

Abb. 5: Schema für eine vollwertige Ernährung: „Utrechter Mischung".

c) Kanarienvogel
Ein Kanarienvogel braucht täglich ein Drittel seines Körpergewichtes an Nahrung, das heißt, ein Vogel mit einem normalen Körpergewicht von 18 bis 22 Gramm bekommt täglich einen gestrichenen Teelöffel handelsüblichen Kanarienvogelfutters und zusätzlich Zwieback, Obst und Eiweiß (siehe Seite 32). Als Grünfutter nehmen Kanarienvögel besonders gerne Vogelmiere auf.

d) Andere Finkenvögel
Die meisten in freier Wildbahn lebenden Finkenvögel nehmen, wenigstens während der Brutphase, neben Samen auch kleinere Insekten und Ameisen auf. Werden diesen Vögeln neben den üblichen Körnermischungen keine frischen Pflanzen und auch keine tierischen Organismen wie Insekten (oder Eifutter) angeboten, kommt es zum Verblassen der Farben des Gefieders und zu ernsteren Mangelerscheinungen.

e) Weichfresser
Unter dem Begriff Weichfresser faßt man Vögel zusammen, die sich nicht von Körnern, sondern überwiegend von Insekten, Früchten oder Blütennektar ernähren.
Ein einheitliches Weichfresserfutter gibt es nicht; dieses muß vielmehr individuell, dem natürlichen Nahrungsspektrum der betreffenden Art entsprechend zusammengestellt werden. So fressen Sonnenvögel und Drosselartige überwiegend Insekten, Beos und Bülbüls vor allem fruchtreiche Kost, und Blattvögel sowie Brillenvögel leben außer von Früchten und Insekten auch von Blütennektar. Das handelsübliche Fertigfutter kann ohne weitere Zubereitung verfüttert werden, während Trockenmischungen mit Früchten, Fruchtsaft oder Magerquark angefeuchtet werden müssen. Daneben sollten Obst, Beeren und Grünzeug angeboten werden.
Alle Weichfresser sollten auch Lebendinsekten zu fressen bekommen. Das bekannteste Futterinsekt ist der Mehlwurm, die Larve des Mehlkäfers. Um durch Mehlwurmfütterung bedingten Erkrankungen von vornherein vorzubeugen (siehe Seite 103), sollten die Mehlwürmer vor der Fütterung mit einer Vitamin- und Mineralstoffmischung bestreut werden bzw. vor der Verfütterung in eine solche gesetzt werden. Sie fressen sich dann voll und sind auch äußerlich bestäubt.
Das handelsübliche Futter muß trocken gelagert werden. Auf keinen Fall darf muffig oder ranzig riechendes Futter verfüttert werden (siehe S. 34). Bei warmer, schwüler Witterung kann angesetztes Weichfresserfutter schnell verderben und sollte dann vorbeugend zweimal täglich frisch angesetzt werden.

Nahrungsspezialisten wie Kolibris, Loris oder Nektarvögel sollten nur von Fachleuten gehalten werden, da sowohl Fütterung als auch Haltung kompliziert sind.
Zur weiterführenden Information verweise ich auf die Bücher von STEINIGEWEG (1987) speziell für Weichfresser und AECKERLEIN (1986) für alle weiteren Vogelarten.

5. Pflegemaßnahmen

A. Nasenreinigung

Routinemäßig ist eine Säuberung der Nasenlöcher nur bei Amazonen und Graupapageien nötig; lediglich bei Erkrankungen mit Verstopfung der Nasenlöcher, trockenem Niesen und daran anschließendem „Backenblasen" muß die Nase auch bei anderen Vogelarten gereinigt werden.
Die Durchgängigkeit der Nasenlöcher kann durch Aufträufeln eines Tropfens Kamillentee geprüft werden: rollt der Tropfen ab, ohne eingeatmet zu werden, ist die Nase verstopft. Mit Kamillenkompressen (in Kamillentee getränkter Wattebausch) versucht man dann zunächst, das Sekret aufzuweichen. In den meisten Fällen wird der Vogel danach in der Lage sein, die Verschmutzung selber auszuniesen. Gelingt das nicht, kann der Besitzer mit einem Wattestäbchen (Q-Tip) versuchen, die Nasenlöcher frei zu bekommen. Nicht mit scharfen Gegenständen in der Nase herumfuhrwerken – die Riechschleimhaut ist sehr gefäß- und blutreich! Vorsicht mit den Nasenklappen, sie dürfen nicht mit Fremdkörpern verwechselt werden!
Im Zweifelsfall immer den Tierarzt zu Rate ziehen!

B. Krallenschneiden

Zur Vorbeugung einer ungenügenden Abnutzung der Krallen sollten Vögel die Möglichkeit haben, auf Ästen mit Rinde und richtigem Durchmesser (Abb. 4, Seite 27) zu sitzen.
Die normale Krallenlänge beträgt ein Kreisbogendrittel. Zu dieser Form müssen zu lange Krallen zurückgeschnitten werden (Abb. 6, Seite 38). Mißgebildete Krallen sollten so kurz wie möglich gehalten werden, da bei ihnen eine normale Abnutzung häufig nicht mehr möglich ist (Korkenzieherkrallen). Zum Schneiden benutzt man am besten einen Nagel-Clip, der hochkant zur Kralle angesetzt wird. Es wird genauso geschnitten, wie auch die Krallen in der Natur abgewetzt werden. Treten Blutungen auf, drückt man die Kralle vorsichtig in ein Stück Seife hinein. Neben dieser „Erste-Hilfe-Maßnahme" ist auch die Verwendung von blutstillender Watte oder Eisen-III-Chlorid möglich.

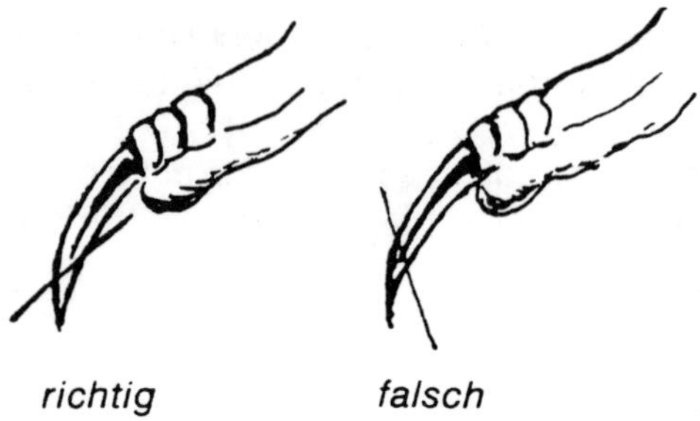

Abb. 6: Schema zum richtigen Krallenschneiden.

C. Schnabelschneiden

Der Hornschnabel enthält eine große Anzahl von Gefäßen und Nervenendigungen, so daß es bei unsachgemäßem Schneiden zu Schmerzen für den Vogel und Blutungen kommen kann, die äußerst schwer zu stillen sind. Daher sollte die Korrektur des Schnabels bei geringgradigen Abweichungen auch mit einer Feile vorgenommen werden. Größere Teile werden mit einem Nagel-Clip abgeschnitten, und anschließend wird alles

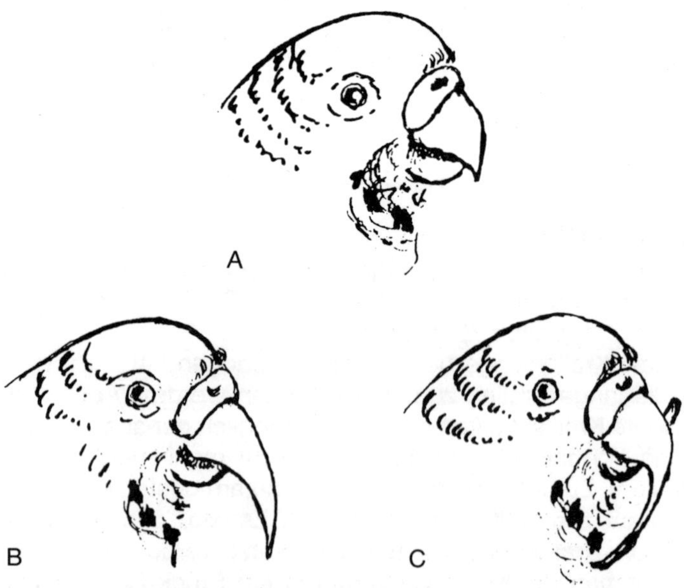

Abb. 7: Schnabeldeformationen: A – normal, B – Verlängerung der Schnabelspitze, C – Kreuzschnabelbildung.

schön glatt gefeilt. Dabei ist unbedingt darauf zu achten, daß Ober- und Unterschnabel während der Prozedur zugehalten werden, damit der Vogel nicht an der Zunge verletzt wird. Normaler und verformter Wellensittichschnabel siehe Abb. 7, Seite 38.

D. Beschneiden der Schwungfedern

Eine vorübergehende Flugunfähigkeit bis zur nächsten Mauser kann durch das Abschneiden der langen Flugfedern im Unterarmbereich einer Flügelseite erreicht werden. Hierzu werden die Federn am Übergang von der Federfahne zum Federschaft abgeschnitten (siehe Abb. 15, Seite 63). Die äußeren 3–4 Flugfedern sollten stehenbleiben, so daß der Vogel beim Sitzen nicht wie ein „gestutzter" Vogel aussieht.
Vorsicht: Niemals Mauserfedern, also im Wachstum befindliche Federn beschneiden; es kommt zu erheblichen Blutungen.
Nach dem Beschneiden eines Flügels kann der Vogel nach wie vor von einem erhöhten Sitzplatz in einer Art „Flatterflug" auf dem Boden landen.
Das Kupieren eines Flügels (um den Vogel dauerhaft flugunfähig zu machen) ist nach dem neuen Tierschutzgesetz von 1987 verboten (Seite 115).

6. Beurteilung durch den Vogelbesitzer

Bei der Beurteilung des Krankheitsgeschehens eines Vogels ist – mehr als bei jedem anderen Tier – die Vorgeschichte und die genaue Beobachtung durch den Besitzer von entscheidender Bedeutung.
Generell gilt, daß für den „Stubenvogel" die Krankheitsursachen besonders im Bereich der Haltung und Fütterung zu suchen sind, während für den Vogelbestand Infektionskrankheiten und Parasiten eine größere Rolle spielen!

A. Einzelvogel

Ziel der „allgemeinen" Untersuchung muß es sein, zu erkennen, ob und wie schwer ein Vogel krank ist, ob man als Besitzer selber helfen kann oder ob ein Tierarzt aufgesucht werden muß. Folgender Untersuchungsgang kann helfen, hier zu einer Entscheidung zu gelangen:

a) Prüfung des Verhaltens:
- Ist der Vogel aufgeplustert?
- Wie sitzt der Vogel auf der Stange?
  Wie ist die Körperhaltung, hängen die Flügel herab, sind sie vom Körper abgespreizt? Wie wird der Schwanz gehalten? Sind die Veränderungen nur bei Belastung oder auch in Ruhe zu beobachten?

- Frißt der Vogel noch?
- Atmet er erschwert und wippt bei jedem Atemzug mit dem Schwanz? Öffnet er den Schnabel bei der Atmung?
- Spuckt er Körner aus? Ist sein Kopfgefieder mit ausgespucktem Sekret verklebt?

Ein kranker und ein gesunder Vogel mit den typischen Merkmalen sind in Abb. 8A und 8B, Seite 41, zu sehen.

b) Prüfung des Käfigs

- Wie sehen die Ausscheidungen aus? Hat sich die Zahl der täglich abgesetzten Kothaufen verändert?
- Sind Einrichtungsgegenstände (Spiegel, Pappkamerad) mit Sekret beschmiert?
- Sind Futter- und Wasserbehälter verändert?

c) Beurteilung des Vogels

Wie ist der Ernährungszustand? Die Beantwortung dieser Frage ist für die Beurteilung der Schwere der Erkrankung von entscheidender Bedeutung. Da man einem Vogel durch das Federkleid hindurch nicht ansehen kann ob er mager oder gut genährt ist, muß er zu dieser Beurteilung gefangen werden. Bei Wildvögeln bedeutet dies einen erheblichen Streß, da sie in der Wildbahn nur von Freßfeinden gefangen werden.
Bei zahmen Vögeln sollte man zweckmäßigerweise das Einfangen regelmäßig üben, damit es bei Bedarf, also bei eventuellen Krankheiten oder in Notfällen, leicht gelingt. Am besten sollte man sich die übliche Handhabung eines Vogels gleich beim Kauf zeigen lassen und danach von Zeit zu Zeit üben. Papageienvögel ergreift man am besten von oben. Finkenvögel fliegen zum Käfigdach und sollen deshalb von unten her gefangen werden. Bei sehr ängstlichen Tieren kann man den Raum abdunkeln und Sitzstangen sowie andere Gegenstände aus dem Käfig entfernen. Wellensittiche können die Hand mit ihren Schnäbeln nicht ernsthaft verletzen, dagegen ist es ratsam, beim Einfangen von Nymphensittichen und Großpapageien Lederhandschuhe zu tragen. Ein kleiner Vogel liegt bei der Untersuchung in Rückenlage in der Hand, wobei der Kopf zwischen Daumen und Zeigefinger fixiert wird (Abb. 9, S. 65). Großpapageien werden mit einer Hand am Unterkiefer fixiert, während die andere die Flügeldecken umgreift und die Beine zum Schwanz hin streckt. Eine zweite Person muß dann die eigentliche Untersuchung durchführen.

Abb. 8A: Gesunder Vogel: wacher Blick, nimmt Anteil an der Umgebung, sitzt aufrecht, Federn liegen dem Körper an.

Abb. 8B: Kranker Vogel: sitzt gekrümmt, die Flügeldecken hängen herab, der Schwanz wippt mit der Atmung, struppiges Gefieder.

Eine andere Möglichkeit zur Kontrolle des Ernährungszustandes ist die Gewichtskontrolle. Hierzu wird der Vogel in einen Pappkarton gesetzt und auf einer Brief- oder Haushaltswaage gewogen. Hinterher wird das Gewicht des Kartons abgezogen.

Normalgewichte:

Kanarienvogel:	18–22 g
Wellensittich:	35–45 g oder 50–60 g bei Schauwellensittichen
Nymphensittich:	80–100 g
Agaporniden:	60–70 g
Graupapagei:	350–500 g, Timneh-Graupapageien wiegen durchschnittlich 100 g weniger
Amazone:	200–500 g, Blaustirn-Amazone, Weißstirn-Amazone 650–850 g, Müller-Amazone
Kakadu:	ca. 500–600 g
Ara:	ca. 700–1000 g

Diese Tabelle über Normalgewichte gilt nicht absolut, sie soll lediglich Anhaltspunkte geben – wichtig ist die regelmäßige (monatliche) Gewichtskontrolle.

Eine andere Möglichkeit zur Kontrolle des Ernährungszustandes ist das Befühlen des Brustbeinkammes (Palpation). Auf keinen Fall darf man bei dieser Gelegenheit auf den Brustbeinkamm drücken, da es hierdurch zur Behinderung der Atmung kommen würde.

Die Feststellung eines guten oder eines schlechten Ernährungszustandes entspricht weitgehend dem Krankheitsverlauf. Akut kranke Tiere befinden sich meistens noch in einem guten Allgemeinzustand, während chronisch kranke mehr oder weniger deutlich abgemagert sind. Somit hat die Feststellung des Ernährungszustandes beim Vogel einen erheblichen Einfluß auf die Differentialdiagnose (siehe Kapitel über Krankheiten, Seite 54).

Normalerweise sollte die Brustmuskulatur (Flugmuskulatur) rundlich, beiderseits des Brustbeinkammes zu fühlen sein. Ist der Brustbeinkamm spitz und steht er hervor, dann ist der Vogel mager und ihm muß unverzüglich geholfen werden!

In Abbildung 10, Seite 43, ist die unterschiedliche Ausbildung der Brustmuskulatur dargestellt.

Ist der Ernährungszustand geklärt, wendet man sich weiteren Untersuchungen zu:

- Ist die Umgebung der Kloake verschmutzt?
- Sind die Nasenlöcher mit Sekret verklebt?
- Wie sehen die Füße aus? Ist der Ring frei verschiebbar? Hat der Vogel in beiden Füßen gleichmäßig Kraft?

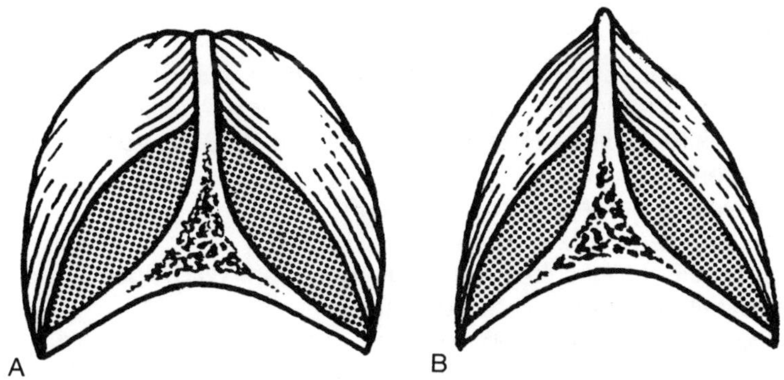

Abb. 10A: Gute Bemuskelung bei einem Vogel in gutem Ernährungszustand und mit Flugtraining.

Abb. 10B: Mäßige Bemuskelung eines Vogels ohne Flugtraining. Normaler Befund bei einem Käfigvogel.

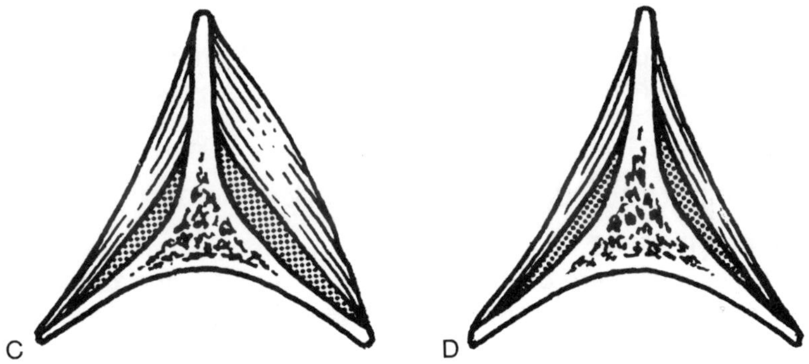

Abb. 10C: Einseitige Rückbildung der Brustmuskulatur. Häufig bei Flügelverletzungen, die schon lange Zeit bestehen.

Abb. 10D: Sehr schlechte Bemuskelung. Der Vogel ist schon lange Zeit krank und befindet sich in schlechtem Allgemeinzustand.

d) Krankengeschichte

Der Vorbericht für den Tierarzt sollte folgende Angaben enthalten:

- Wann wurde der Vogel gekauft?
- Handelt es sich um einen Einzelvogel oder ist er mit mehreren in einem Käfig?
- Wie lange ist er schon krank?
- Welche Anzeichen zeigt er? (siehe Seite 40)

B. Vogelbestand

In einem Vogelbestand besteht grundsätzlich durch Zukauf, Ausstellungsbesuch oder Wildvögel die Möglichkeit von Infektionen (Bakterien, Viren, Parasiten); diese Infektionsmöglichkeit muß im Vorbericht abgeklärt werden:

- Wann wurde der letzte Vogel gekauft?
- Wann wurde die letzte Ausstellung besucht?
- Besteht die Möglichkeit des Zufluges von Wildvögeln bzw. kann Wildvogelkot in die Voliere gelangen?
- Wurden Stalleinrichtungen oder das Futter verändert?
- Wie viele Vögel sind in welchen Zeitabständen gestorben?
- Wie sahen die letzten Schlupfergebnisse aus?
- Wurden Medikamente oder Vitamine gegeben?
- Sind Sammelkotproben durchgeführt worden? Ist der Volierenboden aus Steinen (bei regelmäßiger Säuberung kann keine Anreicherung von Parasiten stattfinden) oder Erdboden (es können ständig infizierte Würmer, Schnecken usw. einwandern und die schon vorhandenen Parasiten können sich im Erdreich anreichern)?

Nach Beantwortung dieser Fragen werden die Symptome geschildert. Siehe Einzeltieruntersuchung, Seite 40.

7. Spezielle Untersuchungen durch den Tierarzt

A. Kotuntersuchung

Wenn zugekaufte Tiere oder Tiere aus dem eigenen Bestand Durchfall zeigen, sollte eine Untersuchung des Kotes auf Parasiten oder Bakterien erfolgen.

Parasitologische Kotuntersuchung

Die Ausscheidungen sollten vom Besitzer regelmäßig kontrolliert werden. Bei Darmstörungen können eventuell ausgeschiedene Bandwurmglieder oder Spulwürmer schon mit bloßem Auge erkannt werden.

Zur Untersuchung sollte der Besitzer mehrere Kotkleckse vom Käfigboden, der mit Folie ausgelegt wurde, aufnehmen und in ein Glas oder eine Metallschachtel füllen. Verunreinigungen mit Sand oder Futter müssen vermieden werden. Diese Probe wird zum behandelnden Tierarzt oder zu einem Veterinäruntersuchungsamt gebracht.

Es gibt zwei Untersuchungsmethoden:

Der Kot wird direkt auf einen Objektträger aufgetragen und im Mikroskop untersucht, oder die Parasiten werden zunächst angereichert, indem der

Kot mit einer gesättigten Salzlösung vermischt wird. Nach einer Wartezeit sammeln sich die leichten Parasiteneier an der Oberfläche (Flotationsmethode), während die schweren (Trematoden-, Spirurideneier) nach unten sacken (Sedimentationsmethode). Bei 100facher Vergrößerung werden die Eier unter dem Mikroskop bestimmt.
Eine Kotprobe zum Nachweis von Kokzidien bei Finkenvögeln muß in den Nachmittagsstunden gesammelt werden, da nur dann die Eier (Oocysten) ausgeschieden werden!

Bakteriologische Kotuntersuchung

Bakteriologische Kotuntersuchungen werden in Veterinäruntersuchungsämtern durchgeführt, wenn der Verdacht auf eine Infektion, z. B. mit Salmonellen, besteht. Die Kotproben müssen hierzu möglichst frisch und ohne Verunreinigungen abgegeben werden. In den Labors wird dann versucht, die normalerweise im Kot vorhandenen Keime von krankmachenden zu unterscheiden. Dazu wird die Probe auf Nährmedien ausgestrichen, im Wärmeschrank „bebrütet" und dann zur weiteren Differenzierung auf andere Platten überimpft. Dies ist ein langwieriger Prozeß, der mehrere Tage dauert. Ist der Vogel mit Antibiotika vorbehandelt, kann eine solche Untersuchung falsch negativ verlaufen, das heißt: trotz Vorliegen einer bakteriellen Infektionskrankheit können keine Bakterien nachgewiesen werden; der bakteriologische Befund täuscht einen gesunden Vogel vor. Also Vorsicht, besonders mit unkontrolliertem Einsatz von Antibiotika!
Ist eine bakterielle Erkrankung schon längere Zeit ohne Erfolg mit Antibiotika behandelt worden, kann ein „Resistenztest" durchgeführt werden: Hierzu wird an den auf Nährmedien angezüchteten Keimen geprüft, bei welchem Antibiotikum das Wachstum der Bakterien am intensivsten gehemmt wird. Dabei darf man nicht vergessen, daß das im Resistenztest am besten wirksame Antibiotikum noch lange nicht das wirksamste in der Praxis sein muß – hier spielen Faktoren wie Aufnahme (Akzeptanz) durch den Vogel, Wirkungsdauer im Tierkörper usw. eine wichtige Rolle. Der Tierarzt muß dies bei der Auswahl des Medikamentes berücksichtigen.

B. Röntgenuntersuchung

Röntgenuntersuchungen sind immer dann angezeigt, wenn nach Unfällen der Verdacht auf Knochenbrüche vorliegt oder wenn innere Veränderungen nicht anders festzustellen sind (Tumoren, Fremdkörper, Pilzerkrankung der Lunge). Zu einer Röntgenaufnahme des Bauchraumes wird der Vogel sowohl seitlich als auch auf dem Rücken liegend durchstrahlt. Sind auf einer normalen Aufnahme die Veränderungen nicht eindeutig anzusprechen, muß der Patient ein Kontrastmittel schlucken (Bariumsulfat); der Magen-Darm-Kanal zeichnet sich dann auf der Röntgenaufnahme deutlich von den anderen Organen ab.

C. Endoskopie

Die Endoskopie gibt die Möglichkeit, Veränderungen in Bauch- und Brustraum beim Vogel direkt zu betrachten. Die Tierarzt führt durch die linke Flanke des narkotisierten Vogels ein dünnes, rohrförmiges, an eine Kaltlichtquelle angeschlossenes Instrument in den Vogelkörper ein. Diese Methode ist nur bei Vögeln mit mehr als 100 Gramm Körpergewicht möglich. Sie gehört bislang nicht zu den Routinearbeiten eines Kleintierpraktikers, sondern ist Spezialisten vorbehalten.

D. Blutuntersuchung

Die Bewertung einer Blutuntersuchung setzt die Kenntnis von Standardwerten (Normalwerte) beim gesunden Vogel voraus. Bislang sind solche Werte erst für einige Vogelarten und einige Enzyme im Blut erarbeitet worden.
Eine Blutprobe entnimmt der Tierarzt.

E. Sektion des toten Vogels

Erkranken oder sterben mehrere Vögel eines Bestandes innerhalb kurzer Zeit, dann können durch Zerlegung eines der toten Tiere eventuell auf sehr schnellem Wege Hinweise auf mögliche Ursachen erlangt werden. In bestimmten Fällen kann es sogar nötig sein, ein krankes Tier zu töten, um schnell Maßnahmen zum wirksamen Schutz des restlichen Bestandes ergreifen zu können.
Sektionen nehmen Veterinäruntersuchungsämter oder Tierärzte (in der Praxis) vor. Dem gut in Zeitungspapier und offener Plastiktüte verpackten Vogel sollte ein exakter Vorbericht beigegeben werden. Muß der Vogel mit der Post verschickt werden, dann sollte er vorher im Kühlschrank durchgekühlt, in Papier und Plastikfolie verpackt und anschließend in ein Paket mit Holzwolle oder Styroporflocken gelegt werden. Die Fracht muß unbedingt als Eilpaket, möglichst über Nacht, versandt werden! Wochenende beachten!
Ist die Zeitspanne zwischen Tod des Vogels und Beginn der Sektion größer als 10 Stunden, sollte der Vogel eingefroren werden. Dies ist besonders wichtig bei kleinen Vögeln.

Das Begleitschreiben sollte folgende Angaben enthalten:

- Name und Adresse des Absenders (Telefonnummer für eventuelle schnelle Rückfragen) und seines Haustierarztes
- Art, Alter und Ringnummer des eingesandten Vogels
- Herkunft und Zukaufsdatum des Vogels
- Hinweise über die Unterbringung, Fütterung
- Krankheitssymptome des eingeschickten Vogels
- Krankheitssymptome des Bestandes
- Eventuell vorgenommene Impfungen, Behandlungen oder andere Untersuchungen.

III. Allgemeine Hinweise zur Vorbeugung und Behandlung von Krankheiten

1. Vorbeugung

In diesem Kapitel sind stichpunktartig einige Dinge zusammengefaßt, die später bei den Krankheiten eingehender besprochen werden.

A. Einzeltier

a) Unfallverhütung

Zahme Vögel sind besonders durch den Menschen gefährdet, so werden sie häufig durch Unachtsamkeit oder Vergeßlichkeit in Türen eingeklemmt oder getreten.
Freiflug sollte nur unter Aufsicht gewährt werden und niemals in der Küche!
Glas an Fenstern und Türen muß mit Gardinen abgehängt werden.
Vorsicht mit anderen Haustieren! Pelztiere gehören nun einmal zum natürlichen Feindbild eines Vogels! Für Katzen gehören Vögel zum Beutetierspektrum!
Kein offenes Kerzenlicht!

b) Artgerechte Haltung

Der Käfig darf nicht mit Spielsachen so vollgestopft sein, daß der Vogel selber kaum noch Platz in seinem Haus hat!
Naturstangen mit Rinde und unterschiedlichen Durchmessern im Käfig anbringen!
Jeder Vogel muß die Möglichkeit zum Freiflug haben!
Der Käfig muß mit Papier ausgelegt werden, so daß die Aufnahme von mit Kot und Harn verunreinigtem Sand unterbleibt.

c) Artgerechte Fütterung

Jeder Vogel muß seiner Art entsprechend mit Futter versorgt werden (siehe Seite 31). Alle Körnerfresser brauchen neben den fertigen Körnermischungen zusätzlich Obst und Eiweiß!

Futter- und Trinknäpfe müssen so angebracht werden, daß eine Verunreinigung mit Kot nicht möglich ist. Futter und Wasser müssen täglich erneuert werden.

B. Vogelbestand

Zugekaufte Tiere müssen 6 Wochen in einem Quarantänekäfig gehalten werden.
Kotproben sollten von zugekauften Tieren sowie im Frühjahr und vor dem Winter vom ganzen Bestand gesammelt und untersucht werden.
Freivolieren müssen vor Beutegreifern wie Katzen, Ratten, Mardern und vor Greifvögeln geschützt werden.
Kranke Vögel müssen sofort aus dem Verband entfernt und einzeln gesetzt werden.
Regelmäßig, mindestens einmal im Jahr, muß der Boden aus Naturvolieren ausgetauscht werden, es sei denn, durch eine Kotprobe konnte die Freiheit von Parasiten nachgewiesen werden.

2. Allgemeine Behandlungsmaßnahmen durch den Tierbesitzer

Die hier zusammengestellten Maßnahmen haben allgemeine Gültigkeit; auf spezielle Behandlungsmethoden – auch durch den Tierarzt – wird bei jeder Krankheit unter dem Stichwort „Behandlung" hingewiesen.

A. Einzeltier

– Sitzt der kranke Vogel aufgeplustert da, muß er warm gehalten werden, damit nicht auch noch seine letzten Energiereserven zur Wärmegewinnung verbraucht werden. Hierzu eignet sich entweder eine Rotlichtlampe oder auch eine 40-Watt-Glühbirne. Infrarotstrahler werden mit 75, 150 und 250 Watt angeboten und geben zum überwiegenden Teil Wärmestrahlen ab. Hell- und Dunkelstrahler sind im Handel. Die Temperatur an dem Vogel darf 38 °C nicht überschreiten. Die Rotlichtlampe wird in ½ bis 1 Meter Abstand vom Vogel aufgestellt und das Bauer wird zur Hälfte abgedeckt. Hierdurch hat der Vogel immer die Möglichkeit, bei zu großer Wärme in den Schatten auszuweichen.
Ist keine Rotlichtlampe im Haushalt, wird unten ins Bauer eine Wärmflasche gelegt und mit Küchentüchern oder Handtüchern abgedeckt.
Ist die Wärme für den Vogel angenehm, sitzt er nicht mehr aufgeplustert, versucht der Wärmequelle näher zu kommen und wird insgesamt munterer. Diese Phasen müssen ausgenutzt werden, um ihm Futter anzubieten.

– Hat der Vogel Durchfall, kann Kamillentee, Schwarzer Tee oder auch Salbeitee angeboten werden. Trinkt der Vogel nicht freiwillig, kann durch Zugabe einer Prise Traubenzucker oder Honig der Geschmack verbessert werden. Selbst wenn der Vogel kein Futter mehr annimmt, wird immer noch getrunken.
Solange der Vogel keine anderen Medikamente bekommt, kann durch Gabe von Medizinalkohle mit dem Futter (Kleinraspeln der Kohlekompretten oder Verwendung von Kohlepulver) eine Bindung der schädigenden Stoffe im Darm und die anschließende Ausscheidung versucht werden.
Der Vogelkäfig wird mit Küchenpapier ausgelegt, um Kontrolle über die Ausscheidungen zu haben und gleichzeitig durch mehrmaliges Entfernen am Tag eine immer wieder neue Ansteckung zu vermeiden.
Großpapageien kann bei Durchfall gekochter Reis angeboten werden.
– Vögel mit verstopften Atemwegen sollten einmal täglich inhalieren. Dazu werden Kamillenblüten in eine Schüssel außerhalb des Bauers gegeben. Das Bauer wird mit einem Plastiksack abgedeckt und anschließend werden die Kamillenblüten mit kochendem Wasser übergossen. Der Vogel sollte die Dämpfe etwa 5 Minuten einatmen und anschließend unter eine Rotlichtlampe gesetzt werden. Bei einer Nasennebenhöhlenentzündung kann zu der Kamille ein Tropfen Kampferspiritus gegeben werden, um die schleimlösende Wirkung zu erhöhen.
– Vor einem Tierarztbesuch darf der Käfig nicht verändert, auch nicht gereinigt werden. Wichtige Hinweise für die vorliegende Krankheit könnten verlorengehen!

B. Vogelbestand

Kranke Tiere müssen von gesunden abgesondert und dann so versorgt werden, wie unter „Behandlung Einzeltier" aufgeführt.
Bei Parasitenbefall der Vögel in einer Freivoliere muß nach Gabe von Wurmmitteln der Volierenboden ausgewechselt werden.
Gestorbene Tiere werden zur Sektion aufgehoben und gekühlt.

3. Tabelle über mögliche Krankheitsursachen bei unterschiedlicher Haltung

Nach mehreren Jahren „Isolation" spielen durch Parasiten bedingte Krankheiten keine Rolle mehr, da kein Kontakt mit infizierten Vögeln erfolgt (Ausnahme Schnabelräude, Seite 72). Nach jedem Kontakt mit einem anderen Vogel (Zoogeschäft, Ausstellungen, Zukauf) können wieder infektiöse Krankheiten auftreten.

STUBENVÖGEL	– Isolation
Haltung	– Sohlengeschwür Lungenpilzerkrankung
Fütterung	– Verfettung durch Überfütterung Mangel an Vitamin A Mangel an Mineralstoffen Erbrechen und Durchfall durch verpilztes Futter
Hygiene	– mit Keimen besiedeltes Wasser, Futter oder Käfigsand
Vergiftungen	– Blei Haushaltschemie Milbensprays Pflanzen
Unfälle	– Gehirnerschütterung durch Gegenfliegen Verbrennungen
Organerkrankungen	– Tumoren Legenot

VOGELBESTAND	– Fluktuation
Parasiten	– Spulwurmbefall Luftröhrenwurmbefall Rote Vogelmilbe Räudemilben Luftsackmilben Kokzidiose
Bakterien	– Salmonellose
Chlamydien	– Papageienkrankheit
Viren	– Pocken Newcastle Disease
Fütterung	– Jungvögel bekommen Rachitis durch Mangel an Kalzium
Haltung	– In Kellervolieren kommt es durch Mangel an Sonnenlicht oder durch Mangel an Vitamin D_3 zur Ausbildung von Rachitis oder Osteomalazie
Unfälle	– Bißverletzungen durch Artgenossen Rivalenkämpfe

IV. Erste-Hilfe-Maßnahmen durch den Tierbesitzer

– Kranke Vögel immer von gesunden absondern!
– Kalte, kraftlose Vögel (durch Krankheit, nach Unfall) haben erhöhten Wärme- und Flüssigkeitsbedarf!
Eine Infrarotlampe, in einem bis einem halben Meter Abstand vom Vogel aufgestellt, bietet die nötige Wärme. Die Temperatur unmittelbar am Vogel sollte 38 °C nicht überschreiten.
Das Trinkwasser wird mit Honig oder Traubenzucker angereichert (1 Eßlöffel Honig auf 1 Liter Wasser).
– Blutungen nach Beißereien oder Unfällen müssen umgehend gestillt werden: entweder mechanisch (Druck mit den Fingern oder mit Verband) oder durch Medikamente (Eisen-III-Chlorid, blutstillende Watte).
– Vögel, die gegen Hindernisse (Fensterscheiben!) geflogen sind und sich verletzt haben (Knochenbruch, Gehirnerschütterung), müssen unbedingt ruhig gehalten werden, am besten für eine kurze Zeit in einen Pappkarton setzen oder in ein abgedecktes Vogelbauer ohne Sand. Kein Licht, keine Geräusche, keine Aufregung! Weder Futter noch Wasser darf gleich nach dem Unfall angeboten werden, da es zur Verlegung der Atemwege, zum Ersticken oder – in den Trinknäpfen – zum Ertrinken kommen kann! Der Vogel wird regelmäßig kontrolliert, und unter Aufsicht werden Futter und Wasser angeboten. Erst wenn der Vogel wieder normal auf der Stange sitzen kann, darf er in den Käfig und zu seinen Kameraden zurück.
– Bei Verbrennungen werden die betroffenen Stellen sofort unter fließendem Wasser längere Zeit gekühlt!
Anschließend kann Brandsalbe aufgetragen werden.
– Verunreinigungen des Gefieders (Farben, Lacke) werden mit weichen Tüchern aufgesaugt (in Richtung der Federfahne tupfen!). Der Rest wird durch ein Bad mit mildem Shampoon ausgespült.
Vorsicht: kein Azeton, kein Waschbenzin benutzen!
– Klebstoffe (Fliegenfänger) im Gefieder werden mit Äther entfernt oder mit milden Shampoons ausgewaschen.

– Entflogene Käfigvögel haben in freier Wildbahn schon wegen ihrer auffälligen Gefiederfärbung kaum eine Chance, den Winter überhaupt zu erleben. Für Greifvögel oder Katzen sind sie eine willkommene Beute. Solche Vögel werden gelegentlich völlig entkräftet gefunden. Hierbei ist es wichtig zu wissen, daß ein Vogel, anders als zum Beispiel ein Hund (ganz besonders wenn es sich um einen Dackel handelt), selbst eine erhebliche Beeinträchtigung seines Befindens erst in letzter Minute zeigt, da ein „Gegriffenwerden" in der Wildbahn für ihn immer gleichbedeutend mit seinem Tode ist. Findlinge sind also immer hochgradig in ihrem Allgemeinbefinden gestörte Tiere! Zuerst muß einmal die Art des Vogels bestimmt werden (Körnerfresser, Weichfresser). Ist man sich nicht sicher, sollte ein Fachmann (z. B. ein Ornithologe) zu Rate gezogen werden. Ist die Vogelart bestimmt, wird das Tier in einen Pappkarton oder ein Bauer gesetzt, Wasser und artgerechtes Futter werden angeboten. Das Futter wird nur in kleinen Portionen zugeteilt, um einer eventuellen Kropfüberladung nach längerer Hungerphase vorzubeugen. Weitere Handhabung siehe „kalte, kraftlose Vögel", Seite 52. Auf keinen Fall darf der Vogel zu den vielleicht im Haushalt schon vorhandenen Vögeln gesetzt werden! Erst nachdem er einige Tage beobachtet wurde und sein Zustand sich weitgehend normalisiert hat (Quarantänezeit einhalten), kann er, vorausgesetzt die Arten passen zusammen und der wirkliche Besitzer kann nicht ermittelt werden, zu den anderen gesetzt werden.

– An die hier besprochenen Erste-Hilfe-Maßnahmen wird sich häufig ein Tierarztbesuch anschließen müssen (Knochenbrüche, Luftsackrisse).

V. Krankheiten des Vogels

Die Beschreibung der Krankheiten wird jeweils in folgende Abschnitte gegliedert:

Vorkommen
Hier werden die Vogelarten aufgezählt, die von der jeweiligen Krankheit häufig betroffen sind.

Ursache
Hier werden die möglichen Auslöser beschrieben, die eine Erkrankung herbeiführen, z. B. Haltungsfehler, Vergiftungen, Verletzungen, Ansteckung mit Krankheitserregern (Bakterien, Viren), Parasitenbefall. Auf vorbeugende Maßnahmen wird hingewiesen.

Symptome
Hier wird beschrieben, mit welchen Anzeichen sich eine Krankheit äußert, wie ein derart erkrankter Vogel zu erkennen ist und wie er sich verhält. Besteht die Möglichkeit, daß auch der Mensch sich infiziert (Anthropozoonose), wird beschrieben, welche Anzeichen ein erkrankter Mensch erkennen läßt.

Diagnose
Hier werden die besonderen Maßnahmen besprochen, mittels derer ein Tierbesitzer oder der Tierarzt eine bestimmte Erkrankung erkennen (diagnostizieren) und zugleich andere Krankheiten ausschließen kann.

Ähnliche Krankheiten (Differentialdiagnose)
Hier werden Krankheiten aufgeführt, die ein ähnliches Krankheitsbild hervorrufen, aber andere Ursachen haben. Die hier aufgeführten Krankheiten werden zum großen Teil als eigenes Stichwort näher beschrieben.

Behandlung
Hier werden allgemeine Hinweise gegeben, wie Tierbesitzer und Tierarzt dem Patienten die Beschwerden nehmen, eine weitere Ausbreitung auf andere Vögel verhindern und einem erneuten Auftreten der Erkrankung vorbeugen können.

1. Krankheiten der Haut und Unterhaut

A. Verletzungen

Vorkommen: Alle Vogelarten.

Ursache: Verletzungen der Haut haben sehr vielfältige Ursachen. Häufig verletzen sich Käfigvögel an beschädigten Stangen oder Einrichtungsgegenständen des Käfigs. Das Anketten und Beringen von Großpapageien führt immer wieder zu Haut- (und auch Knochen-) verletzungen. Auch kommt es bei Finken häufig vor, daß sich Fremdkörper (z. B. Kunstfaserfäden vom Teppichboden, Watte oder Fussel von Kleidungsstücken) um die Zehen wickeln und so Abschnürungen und Verletzungen verursachen.

Symptome: Der verletzte Vogel leidet nicht so offensichtlich wie einer mit Organerkrankungen. Man erkennt nur an der eigentlichen Verletzung, daß der Vogel überhaupt krank ist. Bei Abschnürungen der Zehen kommt es zur Anschwellung und Schonung des betroffenen Fußes.
Je nach Lokalisation und Größe ist die Verletzung möglicherweise sofort als blutende Wunde zu erkennen. Ansonsten fallen dem Besitzer Veränderungen im Gefieder oder Blut im Käfig und am Schnabel des Tieres auf. Werden mehrere Vögel zusammen gehalten, bepicken häufig die Artgenossen den verletzten Kameraden.

Diagnose: Der Vogel wird gefangen und die fragliche Stelle genauer angesehen. Verklebte Federn werden mit Kamillenkompressen erweicht und eventuell ausgezupft – hierdurch ist eine Beurteilung des Umfanges der Verletzung möglich.

Ähnliche Krankheiten: Entzündungen der Haut, Ekzem der Haut.

Behandlung: Der verletzte Vogel muß einzeln und – damit die Wunde nicht verschmutzt – in einem Käfig ohne Sand gehalten werden.
Bei schweren Verletzungen, bei Blutungen, großflächigen Wunden, Störung des Allgemeinbefindens usw. muß ein Tierarzt aufgesucht werden. Er nimmt eine Blutstillung durch Medikamente vor, sorgt mit Flüssigkeitsersatz für eine Stabilisierung des Kreislaufs, infizierte Wunden werden antibiotisch versorgt und gegebenenfalls Verletzungen chirurgisch behandelt.
Ist die Wunde klein, wird der Vogel für eine Woche ohne Freiflug im Käfig gehalten. Täglich wird die Wunde mit Kamillentee gesäubert, anschließend mit Lebertran- oder Ringelblumensalbe (Calendula) dünn bestrichen und geschmeidig gehalten. Normalerweise heilen Hautwunden sehr schnell und problemlos, es sei denn, es handelt sich um eine Verletzung der Flughaut.

B. Entzündungen der Haut (Dermatitis)

Vorkommen: Alle Vogelarten, aber selten.
Ursache: Als Ursache kommen Bakterien, Pilze oder Parasiten in Frage. Eine Dermatitis kann sich auch als Folge oder im Anschluß an eine Hautverletzung entwickeln.
Symptome: Die Vögel bepicken und scheuern bestimmte Körperstellen, so daß vorhandene Rötungen, Schwellungen oder Federausfall noch verstärkt werden und eventuell sogar noch größere Wunden entstehen.
Diagnose: Als Hilfe zur Diagnosestellung kann der Tierarzt ein Hautgeschabsel nehmen. Dazu wird am Übergang der entzündeten zur gesunden Haut die obere Schicht abgeschabt und nach spezieller Vorbehandlung unter dem Mikroskop untersucht. Auch kann eine Untersuchung auf Pilze eingeleitet werden.
Ähnliche Krankheiten: Pocken, Verbrennungen, Erfrierungen, Vitamin-A-Mangel.
Behandlung: Sand muß unbedingt aus dem Bauer entfernt werden, um Reizungen und Verschmutzungen vorzubeugen. Eventuell entstandene Verunreinigungen und Borken werden mit Kamillentee aufgeweicht. Der Vogel sollte bis zum Abheilen der Entzündung einzeln gehalten werden. Vitamin A wird über das Trinkwasser verabreicht. Zur lokalen Behandlung eignen sich Tinkturen – entsprechend der Ursache ausgewählt – besonders gut, denn sie fetten nicht und ziehen schnell ein. Salben sollten nur auf kahle Stellen aufgetragen werden, da die Federn sonst verkleben würden.

C. Ekzem der Haut (EMA-Syndrom)

Vorkommen: Wellensittich, Unzertrennliche.
Ursache: Unbekannt, eventuell kann psychischer oder sozialer Streß eine Rolle spielen. Möglicherweise handelt es sich auch um eine Autoimmunerkrankung. Eine Ansteckung von einem auf den anderen Vogel wurde bislang nicht beobachtet.
Symptome: Als EMA-Syndrom (Eczema Melopsittacus et Agapornis) werden ein- oder beidseitig auftretende, typische Veränderungen in der Achselhöhle bzw. an der Flügelunterseite bezeichnet (Abb. 11, S. 66). Dem Vogelbesitzer fällt häufig zuerst die Flugunfähigkeit und dann das vermehrte Bepicken der Flügelunterhaut des Vogels auf. Oft bilden sich gelb-braune Verkrustungen um einen zentralen Hautriß.
Diagnose: Das typische Bild der Veränderungen erfordert keine speziellen diagnostischen Maßnahmen.
Ähnliche Krankheiten: Hautentzündungen, Pocken.

Behandlung: Eine Behandlung mit Aussicht auf Heilung ist nach derzeitigem Wissensstand nicht möglich. Vorübergehend können Tinkturen (Ballistol-Öl) oder austrocknende, desinfizierende Medikamente (Lotagen-Tinktur, Gentianaviolett) helfen. Im Anfangsstadium ist auch die operative Entfernung der Hautveränderungen möglich. Die Therapie sollte mit begleitenden Maßnahmen wie Kürzung von Krallen und Schnabel, um größere Verletzungen durch Bepicken zu verhindern, Entfernung von Sand aus dem Bauer und Haltungsverbesserungen einhergehen. Fügt sich der Vogel durch Bepicken dennoch erhebliche Wunden zu, ist das Anlegen eines Halskragens (am besten geeignet ist ein Zylinderhalskragen) in Erwägung zu ziehen. Bleibt dieses ohne Erfolg, muß die Einschläferung durch einen Tierarzt erwogen werden.

D. Bürzeldrüsenverstopfung, -eiterung und -tumor

Vorkommen: Alle Vogelarten.
Ursache: Entzündungen der Bürzeldrüse kommen durch Verletzungen oder Verschluß der Ausführungsgänge zustande. Die Entstehung von Tumoren ist – wie allgemein bei Krebserkrankungen – auch heute noch weitgehend unbekannt.
Symptome: Das Federkleid wirkt schlecht gepflegt, die Vögel benagen sich ständig im Bereich der Bürzeldrüse (Lage der Bürzeldrüse siehe Seite 14).
Diagnose: Wenn bei der genaueren Untersuchung im Bereich der Bürzeldrüse eine vermehrte Füllung der Drüse entdeckt wird, kann durch Massage Fett entleert werden. Es handelt sich in diesem Fall um eine Verstopfung.
Eine starke Vergrößerung und Rötung der Drüse – in Verbindung mit eitrigem oder krümeligem Sekret – deutet auf eine Entzündung hin.
Bei deutlicher Umfangsvermehrung, aber Fehlen von Sekret, besteht der Verdacht auf einen Tumor.
Ähnliche Krankheiten: Verletzungen.
Behandlung: Liegt lediglich eine Verstopfung vor, kann Massage mit den Fingern nach Reinigung mit Kamillenkompressen Besserung oder sogar Heilung bringen.
Bei einer eitrigen Entzündung wird unter Umständen ein kleiner chirurgischer Eingriff nötig werden: Das veränderte Gewebe wird aufgeschnitten und der Eiter ausgeräumt.
Handelt es sich um einen Tumor, kann der Versuch einer operativen Entfernung unternommen werden. Meistens treten Geschwülste in diesem Bereich aber als bösartige Tumoren auf, so daß bei wiederholtem Wachstum der Vogel eingeschläfert werden sollte.

E. Übermäßige Verhornung der Wachshaut (Hyperkeratose)

Vorkommen: Besonders beim weiblichen Wellensittich.
Ursache: Die Ursache ist unbekannt, es wird allerdings vermutet, daß hormonelle Umstellungen oder Mangelsituationen in der Ernährung eine Rolle spielen können.
Symptome: Besonders bei älteren weiblichen Wellensittichen tritt eine „überschießende" Bildung der Schnabelwachshaut, einhergehend mit einer dunkleren Verfärbung auf. Die Wachshaut wird borkig und krustig und nach einiger Zeit bildet sich ein regelrechtes „Horn". Dies kann abbröckeln oder – bei erheblicher Hyperkeratose – zum Verschluß der Nasenlöcher mit Atemstörungen führen.
Ähnliche Krankheiten: Wachshautverfärbungen kommen auch bei Tumoren in der Bauchhöhle vor (Hoden-, Eierstocks-, Leber-, Nierentumor). Bei Milbenbefall (siehe Abb. 17A, S. 109) sind die Auflagerungen auf der Wachshaut eher porös (schwammartig) und häufig heller.
Behandlung: Mit Öl oder auflösenden Salben (Salicylsalbe, Borsalbe) wird die Wucherung einige Tage hintereinander bestrichen. Wenn die Verhornung weich geworden ist, wird sie vorsichtig abgenommen; dabei sind Verletzungen der Wachshaut zu vermeiden.

F. Verdickung der Bein- und Fußhaut

Vorkommen: Besonders Kanarienvögel, die einzeln und in Käfigen gehalten werden.
Ursache: Eine Überversorgung mit Vitamin A ist als Ursache möglich.
Symptome: Je nach Ausmaß der Verhornung (übermäßiges Hornschienenwachstum) sind Krallen und Ständer deutlich verdickt, weniger durchblutet, sehen trocken und blaß aus (siehe Abb. 12, S. 66).
Diagnose: Einige Hornschuppen werden mit Kalilauge vermischt und unter dem Mikroskop untersucht. Auf diese Weise kann das Vorliegen einer parasitären Ursache (Differentialdiagnose) ausgeschlossen werden.
Ähnliche Krankheiten: Befall mit Milben (siehe Abb. 17, S. 109).
Behandlung: Mit Verhornungen auflösenden Salben (Salicylsalbe) werden die betroffenen Stellen behandelt. Gleichzeitig kann eine vermehrte Bewegung, begünstigt eventuell durch das Umsetzen von Käfigvögeln in eine Voliere, zur Heilung beitragen. Durch die vermehrte Bewegung des Vogels werden die Füße besser durchblutet, und so kann einer erneuten Verhornung vorgebeugt werden.

G. Fettumor (Lipom)

Vorkommen: Vorwiegend Wellensittiche.

Ursache: Es handelt sich um eine Geschwulstbildung unbekannter Ursache auf der Brust von Wellensittichen. Etwa bei einem Viertel aller Neubildungen beim Wellensittich handelt es sich um Lipome, gutartige Tumoren des Fettgewebes.

Symptome: Sitzt der Vogel auf der Käfigstange, ist eine deutliche Umfangsvermehrung vor der Stange zu beobachten, die in extremen Fällen ein Drittel des Körpergewichtes betragen kann. Die Umfangsvermehrung ist rund bis knollig, weich-elastisch in der Konsistenz und wächst langsam über Monate. Zum umliegenden Gewebe ist sie gut abzugrenzen. Die Haut über der Geschwulst kann durch Benagen blutig und schwartig verändert sein.

Diagnose: Häufig wird beobachtet, daß der Vogel seit einiger Zeit nicht mehr fliegt: er kann viel zu schwer oder aber zu leicht geworden sein (Gewichtskontrolle). Durch Befühlen der in ihrer Größe sehr unterschiedlichen Fettumoren kann man feststellen, ob es sich um eine harte, schmerzhafte Umfangsvermehrung (bösartiger Tumor) oder eher um eine weiche, gut zum gesunden Gewebe abgegrenzte, langsam wachsende, Geschwulst handelt.

Ähnliche Krankheiten: Bösartiger Tumor, Fettleibigkeit.

Behandlung: Das Ausgangsgewicht wird ermittelt (siehe Tabelle über Normalgewichte, Seite 42) und regelmäßig mindestens einmal im Monat kontrolliert.

Wird der Tumor beknabbert und ist der Vogel deutlich behindert, sollte die operative Entfernung erfolgen.

H. Fettleibigkeit (Adipositas)

Vorkommen: Vorwiegend bei in Käfigen gehaltenen Wellensittichen ohne Freiflug.

Ursache: Übermäßiges und falsch zusammengesetztes Futterangebot in Kombination mit Bewegungsmangel.

Symptome: Die Tiere zeigen langsam deutlicher werdende Trägheit. Sitzt der Vogel auf der Stange, wölben sich Verdickungen vor und hinter der Sitzstange unter dem Federkleid hervor (Abb. 13, S. 67). Ist der Vogel anfänglich noch geflogen, wird er immer weniger und bald gar nicht mehr fliegen können. Dieses Unvermögen zu fliegen ist häufig das erste Symptom, das den Besitzern auffällt.

Diagnose: Sie ist eindeutig durch Gewichtskontrolle (siehe S. 42) und Palpation der Brustmuskulatur (siehe Abb. 10, S. 43) zu stellen.

Ähnliche Krankheiten: Fettumoren.

Behandlung: Der Vogel muß kontrolliert, das heißt, unter wöchentlicher Gewichtskontrolle abspecken. Keine Hungertage! Solche Maßnahmen kann ein kleiner Vogel nicht überleben! Täglich bekommt der Wellensittich einen gehäuften Teelöffel handelsübliches Futter auf zwei Mahlzeiten verteilt.
Knabberherzen, Leckerlies und solche im Handel angebotenen Dinge werden nicht mehr verfüttert! Statt dessen wird Obst, Gemüse und Eiweiß zur Genüge angeboten. Auch sollte immer Zwieback zum Knabbern im Käfig hängen. Vermehrte Bewegung durch anfängliches Lauftraining und anschließende Flugübungen sind unumgänglich, wenn der Vogel eines Tages seine alte Lebhaftigkeit wiedererlangen soll.
Es kann nützlich sein, einem solchen Vogel einen Partner zu besorgen oder ihn in eine Voliere zu geben.

2. Federkleidveränderungen

A. Natürliche Mauser

Vorkommen: Alle Vogelarten.
Ursache: Vogelfedern sind hoher mechanischer Beanspruchung ausgesetzt und müssen daher von Zeit zu Zeit gegen neue ausgetauscht werden. Folgende Faktoren spielen für den Ablauf der Mauser eine Rolle: Hormone, UV-Strahlung, Tageslänge, Luftfeuchtigkeit, Eiweiß- und Mineralstoffversorgung über das Futter.
Symptome: Während der Mauser sind die Tiere ruhiger, Singvögel stellen den Gesang ein. Der Graupapagei mausert, nachdem die Jungtiere groß sind, im Juli/August. Bilateral symmetrisch werden Schwanz- und Schwungfedern abgeworfen, so daß es in dieser Zeit zu Unsicherheiten im Flug kommen kann. Die neuen, wachsenden Federn heißen Blut- oder Mauserfedern. Achtung: Sie können bei Verletzungen stark bluten!
Ähnliche Krankheiten: Französische Mauser, Feder- und Schnabeldystrophie der Papageien, Eiweißmangel in der Fütterung, Stockmauser.
Behandlung: Die Mauser ist keine Krankheit, sondern ein physiologischer, d. h. normaler Vorgang beim gesunden Vogel. Sie sollte durch genügend Eiweiß- und Mineralstoffgaben im Futter unterstützt werden. Auch das wöchentliche Bad ist in dieser Zeit ganz besonders wichtig. Blutungen aus einer Mauserfeder lassen sich durch Abbinden mit einem Zwirnsfaden oder durch einen Verband stillen.

B. Schockmauser

Vorkommen: Besonders Tauben, Fasanen, Drosseln und Sittiche.
Ursache: Angst, Schreck.

Symptome: Bei der Schockmauser handelt es sich um einen Schutzreflex, der Vögeln in Gefahr das Leben retten kann. Wird der Vogel von einem „Feind" gegriffen oder bleibt er irgendwo hängen, kann er plötzlich alle Schwanzfedern oder Teile des Kleingefieders abwerfen. Die Flugfähigkeit bleibt erhalten, um so dem Vogel eine schnelle Flucht zu ermöglichen. Gelingt dem Vogel die Flucht vor der vermeintlichen Gefahr, werden seine Federn schon vor der normalerweise einsetzenden Mauser neu wachsen und der Vogel ist bald wieder voll befiedert.

C. Stockmauser

Vorkommen: Bei allen Singvögeln.
Ursache: Die Ursachen der Stockmauser sind vielfältig: Vitamin-, Aminosäuren- und Mineralstoffmangel; Hormonstörungen; Überbesatz bei Massenhaltung; unnatürliche Temperaturen bei gleichbleibenden Tageslichtlängen ohne Berücksichtigung der Jahreszeit.
Symptome: Besonders an Kopf und Hals kommt es zu Federausfall, ohne daß eine Entzündung oder Rötung feststellbar wäre und ohne daß eine Beeinträchtigung des Allgemeinbefindens vorliegt.
Ähnliche Krankheiten: Natürliche Mauser.
Behandlung: Die Haltungsbedingungen sollten verbessert werden. Dazu gehört sowohl eine vollwertige Fütterung als auch eine ausreichende Sonnenlichtbestrahlung.
Eventuell kann der Tierarzt durch Hormoninjektionen versuchen, den Zustand zu verbessern.

D. Französische Mauser, Renner- oder Hopserkrankheit

Vorkommen: Wellensittiche. Nach KRONBERGER (1978) kommt diese Anomalie auch bei den in freier Wildbahn in Australien lebenden Wellensittichen vor.
Ursache: Bislang unbekannt, erbliche Ursachen oder eine Viruserkrankung werden vermutet.
Symptome: Nachdem die Jungvögel ursprünglich vollständig befiedert waren, verlieren sie mehrere oder alle Schwungfedern der Flügel und die Schwanzfedern. Die Tiere bewegen sich dann hopsend („Hopser") und sind flugunfähig („Renner"). Nachwachsende Federn sind oft mißgebildet, so daß die Vögel meist auf Lebzeiten flugunfähig bleiben.
Diagnose: Klinisches Bild.
Ähnliche Krankheiten: Stoffwechselschäden, Federspulmilben.
Behandlung: Ausreichende Versorgung mit eiweißreicher Nahrung kann die Zahl der Opfer in einem Bestand vermindern. Eine Behandlung eines erkrankten Vogels ist nicht möglich.

Da die Tiere nicht leiden, kann solch ein Vogel durchaus am Leben bleiben, allerdings sollte auf keinen Fall mit ihm gezüchtet werden.

E. Nestlingserkrankung der Wellensittiche

Vorkommen: Nestlinge von Wellensittichen sind betroffen, aber auch Großpapageien und Sittiche.
Ursache: Virus, Gruppe der Papova-Viren. Die Zeit zwischen Ansteckung und Ausbruch der Krankheit beträgt 10–21 Tage (vom Schlupftag an gerechnet).
Symptome: Die Jungtiere zeigen verzögertes Wachstum der Konturfedern sowie Mißbildungen des Daunengefieders. Zusätzlich sind Verschmutzungen des Kloakengefieders, Schwellung des Bauches und hochgradiger Wasserverlust des Körpergewebes möglich. Die überlebenden Tiere werden lebenslang nicht flugfähig.
Diagnose: Das Virus kann durch Blutuntersuchung in Speziallabors nachgewiesen werden.
Ähnliche Krankheiten: Mauserstörungen durch Eiweißmangel – hierbei kann das Gefieder nach der nächsten Mauser wieder normal entwickelt sein.
Behandlung: Nicht möglich. Da das Virus durch den Menschen von einer Bruthöhle in die andere übertragen werden kann, sollten erkrankte Tiere eingeschläfert werden. Die Brut sollte beim Wellensittich für etwa ein halbes Jahr unterbrochen werden.

F. Federrupfer, Federfresser

Vorkommen: Papageien. Besonders Graupapageien, die ausschließlich im Käfig gehalten werden.
Ursache: Die Ursachen, die zum Federrupfen führen, sind nicht endgültig geklärt; hier werden einige mögliche Ursachen aufgezählt.
Papageien leben „normalerweise" in Einehe, so daß eine Einzelhaltung immer einen psychischen Streß bedeutet. Die gegenseitige Gefiederpflege spielt in der Partnerschaft eine wichtige Rolle. Wird ein Vogel allein gehalten, kommt es durch Fehlen eines Partners und aufgrund von Langeweile zu übertriebener Gefiederpflege und evtl. zum Federrupfen. Veränderungen in der Umgebung des Vogels wie Umstellen des Käfigs können ursächlich verantwortlich sein. Auch dann, wenn der Besitzer den Vogel überfordert und ihm zum Beispiel ständig Wörter vorerzählt, die er lernen soll, kann das psychischen Streß bedeuten und Federrupfen auslösen. Ebenso wird ursächlich ein Mangel an Eiweiß im Futter für möglich gehalten.

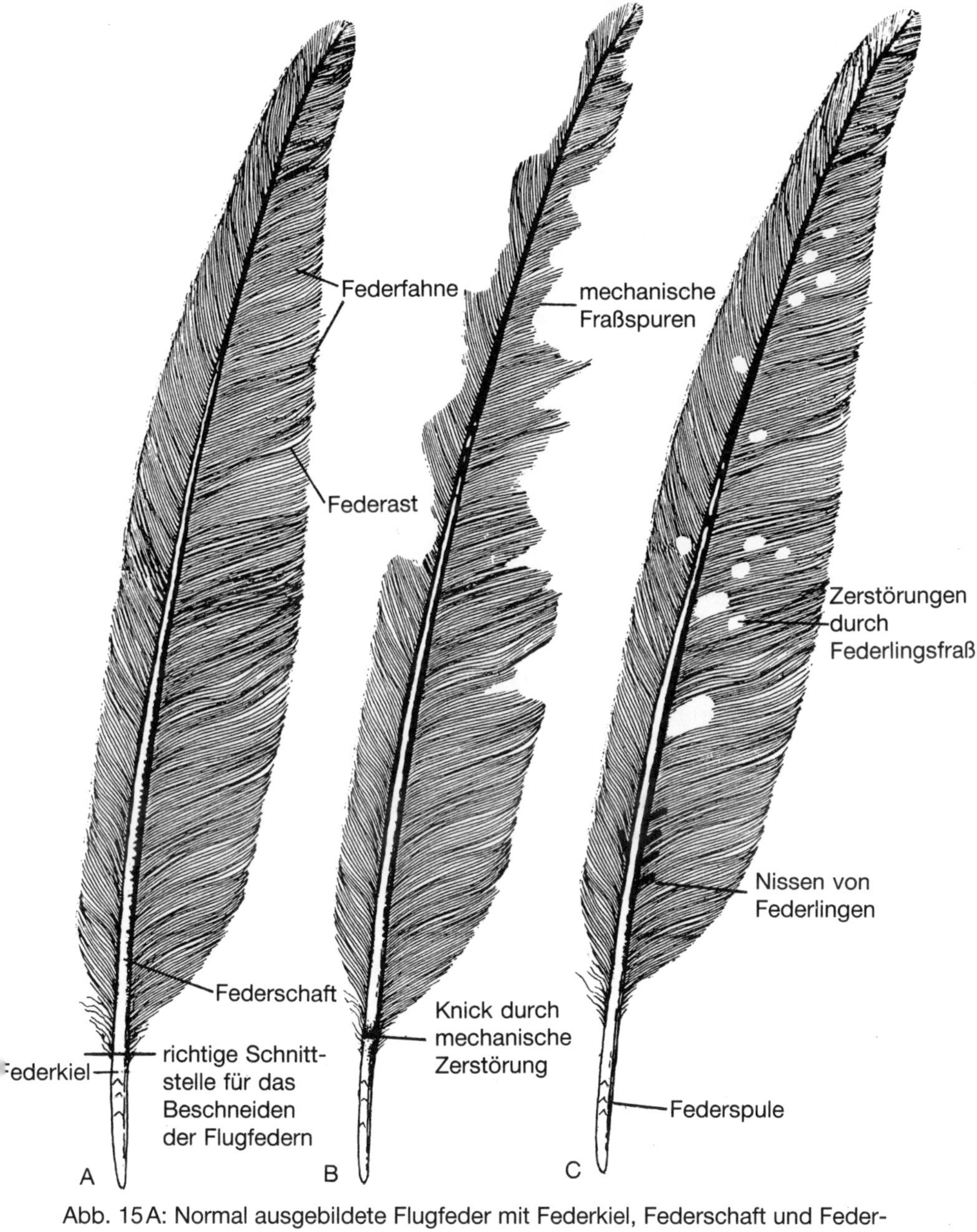

Abb. 15 A: Normal ausgebildete Flugfeder mit Federkiel, Federschaft und Federfahne mit zahlreichen Federästen.
Markierung der idealen Stelle zum Beschneiden der Flugfedern, um einen Vogel vorübergehend flugunfähig zu machen.
Abb. 15 B: Durch mechanische Einwirkungen zerstörte Feder eines Federrupfers.
Abb. 15 C: Durch Federlingsfraß hervorgerufene Zerstörungen der Federfahne.

Symptome: Während der Kopf normal befiedert bleibt, da der Vogel seine Federn auf dem Kopf ja nicht mit dem Schnabel erreichen kann, weisen das Brustgefieder, Flügel- und Schwanzfedern unterschiedliche Grade der Zerstörung auf (Abb. 14, S. 68). Der Vogel nestelt ständig am Gefieder, so daß selbst die nachwachsenden Federn nur als Flaum ausgebildet werden und diese Tiere häufig als vermeintliche Jungtiere auf dem Markt angeboten werden. Dazu sollte man wissen, daß junge Graupapageien gar kein „Kükengefieder" ausbilden, sondern als Jungtiere nackt aussehen und dann gleich das endgültige Federkleid bilden.
Diagnose: Man betrachtet die ausgerupften Federn unter der Lupe und erkennt deutliche Fraßspuren außen an der Federfahne (Abb. 15B, S. 63).
Ähnliche Krankheiten: Federlingsbefall ist durch Absuchen des Gefieders nach diesen Parasiten und durch Betrachtung der Fraßspuren an den Federn auszuschließen. Durch Federlinge verursachte Fraßspuren sind am Federschaft zu sehen. Häufig werden Nissen (Eier der Federlinge) in der Federfahne gefunden (Abb. 16A, S. 68).
Behandlung: Wenn der Vogel sehr stark auf den Besitzer geprägt ist, sollte dieser sich so viel Zeit wie möglich für das Tier nehmen. Handelt es sich um einen Wildfang, sollte überlegt werden, ob es eine Möglichkeit gibt, einen Partner für den Vogel zu finden oder ihn in eine Voliere zu geben. (In seltenen Fällen allerdings schaut der zugekaufte Vogel die Unart des Federfressens bei seinem Partner ab, und dann rupfen sich beide.) Um den Vögeln Beschäftigung zu verschaffen, sollten Zweige mit Rinde zum Benagen und zum Klettern vorhanden sein. Eine Nisthöhle gibt dem Vogel die Möglichkeit, sich ab und zu vor den Blicken des Besitzers zurückzuziehen. Auch sollte der Vogel mindestens einmal wöchentlich die Möglichkeit zum Baden haben und Licht, Luft und Sonne ausgesetzt werden. Badet der Vogel nicht von alleine, sollte der Besitzer ihn mit einer Blumensprühflasche mit kaltem Wasser besprühen. Die Wasserflasche muß jedesmal frisch gefüllt werden, um einer möglichen Besiedlung mit Mikroorganismen vorzubeugen. Die Ernährung soll vielseitig sein und neben einer Grundfuttermischung auch aus Obst und Gemüse sowie tierischem Eiweiß in Form von Quark und Eiweiß bestehen. Kotelettknochen oder Hundekuchen sind wichtig für die Mineralstoffversorgung.
Die im Handel angebotenen „Anti-Federfresser-Sprays" enthalten schlecht schmeckende Substanzen, die das Federfressen verhindern sollen, häufig ohne Erfolg. Auf keinen Fall sollten Sprays verwendet werden, die Treibgase enthalten; die meisten Vögel reagieren auf solche Stoffe mit Vergiftungserscheinungen wie Atemnot und Speichelbildung. Fügt der Vogel sich Wunden zu, kann versucht werden, durch das

Abb. 3: Weiblicher Wellensittich mit brauner Wachshaut, männlicher Wellensittich mit blauer Wachshaut. Foto: H.-J. Martin

Abb. 9: Fixieren eines Wellensittichs in der Hand.
Foto: Vogelklinik der Tierärztlichen Hochschule Hannover.

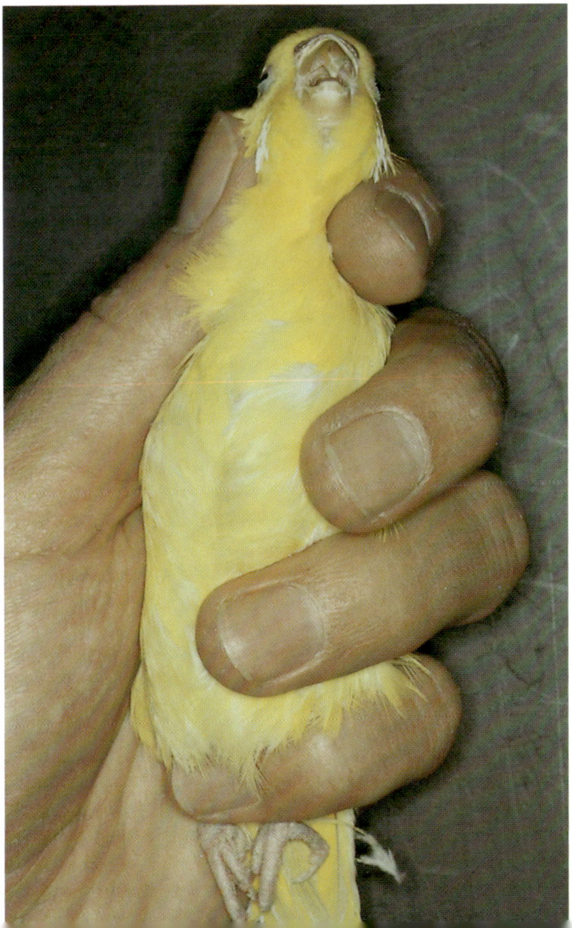

Abb. 11: EMA-Syndrom bei einem Wellensittich.
Foto: N. Kummerfeld.

Abb. 12: Überschießende Verhornung (Hyperkeratose) an Lauf und Zehen eines Kanarienvogels.
Foto: Vogelklinik der Tierärztlichen Hochschule Hannover.

Abb. 13: Fettleibigkeit (Adipositas) bei einem Wellensittich.
Foto: Vogelklinik der Tierärztlichen Hochschule Hannover.

Abb. 14: Großer Alexandersittich, ♀: Federrupfer. Foto: Strauch.

Abb. 16A: Federling mit Eiern (Nissen) in den Federästen.

Abb. 16B: Federling. Fotos: W. Aeckerlein.

16A

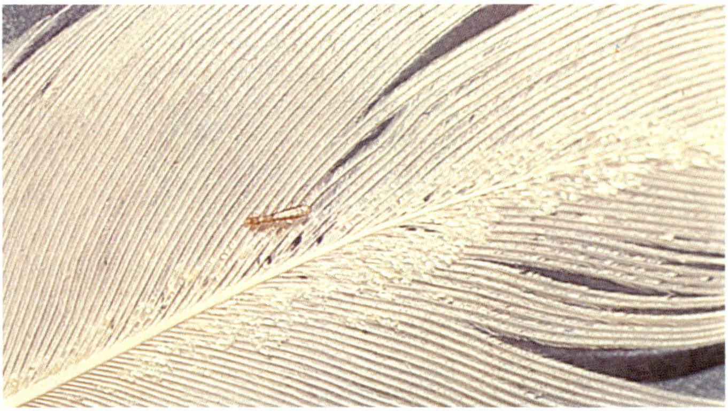

16B

Umlegen eines Halskragens aus Metall oder Plastik (Zylinderhalskragen ist geeignet) das Rupfen zu verhindern. Ein solcher Kragen muß mindestens ein halbes Jahr lang getragen werden. Häufig beginnt das Rupfen nach der Abnahme aufs neue, da die Ursachen nicht abgestellt wurden. Patentrezepte zur Heilung eines Federrupfers gibt es bislang nicht.

G. Feder- und Schnabeldystrophie der Papageien (PFBD)

Vorkommen: Kakadus und andere Großpapageien.
Ursache: Unbekannt; es wird eine Stoffwechselstörung nach Parvovirusinfektion vermutet.
Symptome: Das Krankheitsgeschehen verläuft ausgesprochen langwierig. Federstörungen sind am gesamten Gefieder zu beobachten, das Schnabelhorn ist brüchig und weich; in einigen Fällen bilden sich Tumoren des Schnabels aus. Die Tiere werden immer apathischer und sterben schließlich nach monatelanger Krankheit.
Ähnliche Krankheiten: Federrupfer.
Behandlung: Eine Behandlung ist nach dem heutigen Wissensstand nicht möglich.

H. Federbalgzysten (Lumps)

Vorkommen: Vorwiegend bei Kanarienvögeln; eine erbliche Veranlagung wird angenommen.
Ursache: Eine Federbalgzyste entsteht immer dann, wenn eine heranwachsende Feder die Haut aus irgendwelchen Gründen nicht durchstößt.
Symptome: Die Zysten kommen besonders am Handwurzelgelenk vor, aber ebenso an Brust- und Rückengefieder. Sie können einen Durchmesser von 2 cm erreichen, beeinträchtigen das Allgemeinbefinden aber nicht. Dem Besitzer fällt häufig zuerst eine gewisse Unordnung im Federkleid auf. In hochgradigen Fällen kommt es zur Flugunfähigkeit.
Ähnliche Krankheiten: Hauttumoren treten normalerweise einzeln auf und sind sehr viel härter.
Behandlung: Der Tierarzt kann die Zysten operativ entfernen. Häufig bilden sich allerdings nach einiger Zeit an anderer Stelle wieder neue.

3. Ungeziefer (Ektoparasiten)

Ektoparasiten sind Lebewesen, die sich dauernd oder zeitweise auf dem Körper eines anderen Tieres aufhalten und dieses durch Nahrungsentzug (Blutsaugen), Beunruhigung usw. schädigen.

A. Federlinge (Mallophagen)

Vorkommen: Alle Vogelarten.

Ursache: Auch bei gesunden Vögeln treten Federlinge auf, befinden sich aber in einem Gleichgewicht mit ihrem Wirt und richten kaum Schaden an. Bei Krankheit des Vogels aber, besonders bei Schnabelverletzungen und – dadurch bedingt – vernachlässigter Gefiederpflege, kann es zu massenhafter Vermehrung der Parasiten kommen. Federlinge sind flügellose Insekten von etwa 1–3 mm Länge und 0,5 mm Breite. Der Kopf ist, im Unterschied zu dem der Laus, breiter als die Brust. Es gibt viele verschiedene Arten, die jeweils nur auf einer Vogelart in einer bestimmten Körperregion (Nischenbewohner) leben können. Auf dem Storch gibt es sogar Federlinge in zwei Farbschattierungen, sowohl weiße als auch schwarze, der Gefiederfarbe angepaßt. Die Eier der Federlinge heißen Nissen, haben einen Deckel und kleben in Reihen an den Federästen (siehe Abb. 16, S. 68). Die Entwicklung vom Ei zur Larve dauert 1–2 Wochen, von der Larve zum Federling 3–6 Wochen. Als Nahrung werden Hautschuppen, Hornsubstanz und manchmal auch Blut aufgenommen.

Diagnose: Da die Federlinge besonders gern auf der Flügelunterseite in den Federästen der Flugfedern sitzen, muß auch hier nach ihnen gesucht werden. Findet man keine Federlinge, sollte nach charakteristischen Fraßspuren an den Federn gesucht werden (siehe Abb. 15C, S. 63).

Symptome: Bei massenhaftem Befall leiden die Vögel unter Juckreiz, sind unruhig und benagen ständig das Federkleid.

Behandlung: Da Federlinge wirtsspezifisch sind, braucht in einer Voliere nur die Vogelart behandelt zu werden, auf der die Federlinge nachgewiesen wurden.

Kontaktinsektizide aus der Gruppe der Carbamate oder Pyrethrumderivate werden auf das Gefieder des Vogels aufgetragen. Die Behandlung sollte nach 10 Tagen wiederholt werden. Eventuell kann das Insektizid dem Staubbad zugesetzt werden, so daß sich die Vögel dann selber gleichmäßig „einpudern".

B. Rote Vogelmilbe (Dermanyssus gallinae)

Vorkommen: Alle Vogelarten.

Ursache: Die Rote Vogelmilbe ist 0,7–1,1 mm groß, besitzt 4 Beinpaare und sitzt nur zeitweise auf dem Vogel. Die Entwicklung vom Ei zur Larve dauert bei Temperaturen von 9–15 °C 5 Tage, bei 20 °C nur 2 Tage. Die Vermehrung findet im Nest, in den Ritzen des Käfigs oder in der Bruthöhle statt. Nachts befallen die Milben die Vögel und saugen Blut.

Diagnose: Der Nachweis am lebenden Tier kann nur nachts gelingen. Tagsüber sollten die möglichen Aufenthaltsorte der Milben genauer inspiziert werden. Zur Hilfe kann auch ein weißes Tuch über den Käfig gehängt und dieses am frühen Morgen auf rote Milben untersucht werden. Auf toten Tieren reichern sich Rote Vogelmilben besonders an, da diese ihnen als Versteck dienen.

Symptome: Hochgradig befallene Tiere sind blaß, unruhig in der Nacht; tagsüber schlafen sie viel, wirken matt und lustlos.

Symptome – Mensch: Auch der Mensch kann sich bei extrem starker Ausbreitung der Parasiten (Infektionsdruck) infizieren und bekommt dann juckende Hautausschläge.

Behandlung: Die Behandlung kann nur dann wirkungsvoll sein, wenn die Nester und Käfige behandelt werden. Nach einer mechanischen Reinigung sollten Kontaktinsektizide für den Käfig (Phosphorsäureester, Carbamate) verwendet werden. Je nach Temperatur muß die Behandlung nach 2–5 Tagen wiederholt werden. Nester und entbehrliche Gegenstände aus Käfig oder Voliere sollten möglichst verbrannt werden! Der Vogel selbst braucht nicht behandelt zu werden!

C. Nordische Vogelmilbe (Ornithonyssus sylviarum)

Vorkommen: Alle Vogelarten, aber selten.

Ursache: Die nordische Vogelmilbe ist ca. 0,8 mm groß, lebt ständig auf ihrem Wirtstier und ernährt sich von seinem Blut. Die Eier werden am Federgrund abgelegt und schlüpfen nach 5–7 Tagen.

Symptome: Die Milbe hält sich bevorzugt auf Konturfedern ausgewachsener Vögel auf. Sie richtet in der Regel keine erheblichen Schäden an.

Behandlung: Kontaktinsektizide in Form von Puder auf den Vogel streuen oder dem Staubbad untermischen (Carbamate, Pyrethrumderivate). Ebenso kann ein Insektizid auf die Rückenhaut jedes einzelnen Vogels aufgetragen werden, so daß die Parasiten über die Blutbahn des Wirtstieres bekämpft werden. Der Tierarzt verordnet entsprechende Medikamente und gibt Anweisungen zu deren Handhabung.

D. Federspulmilbe

Vorkommen: Kanarienvögel, Finken, bei Papageien selten.

Ursache: Die 0,8 mm langen und 0,1 mm breiten Milben leben in den Federspulen der großen Flügel- und Schwanzfedern und zerstören die Strukturen im Federschaft.

Diagnose: Unter der Lupe oder dem Mikroskop kann man die Zerstörungen an dem aufgeschnittenen Federkiel sehen: die Kammerunterteilung der Federspule ist kaum noch zu erkennen (siehe Abb. 15, S. 63). Die Bedeutung dieser Milbe als Federschädling ist gering.

Behandlung: Symptomatische Behandlung durch den Tierarzt, mit modernen, Milben tötenden Mitteln (Acariziden). Eine Heilung ist schwierig.

E. Kalkbeinmilbe (Cnemidocoptes mutans)

Vorkommen: Tauben, Hühnervögel und Finken.
Ursache: Die Ansteckung erfolgt durch direkten Kontakt mit anderen Vögeln. Die Milben sind 0,25–0,5 mm groß und leben in der Haut der Vogelbeine (Ständer).
Symptome: Es kommt an den unbefiederten Stellen der Beine zu weißlichen Ablagerungen, verbunden mit Juckreiz und Entzündungen. Die Vögel zeigen Schmerzen beim Sitzen auf der Stange, trippeln hin und her und können schmale Stangen nicht mehr voll umgreifen. Bei genauer Betrachtung der Auftreibungen sind viele kleine Löcher in der Haut mit bloßem Auge zu erkennen.
Diagnose: Durch eine Untersuchung der Auflagerungen unter dem Mikroskop können die Milben nachgewiesen werden.
Ähnliche Krankheiten: Schnabelräude kommt zwar auch an den Ständern vor, allerdings sind dann auch immer deutliche Veränderungen am Schnabel und oft auch an der Kloake zu erkennen (siehe Abb. 17, S. 109). Verdickung der Bein- und Fußhaut, siehe Abb. 12, S. 66.
Behandlung: Einreibungen mit Insektiziden. Während der Therapie muß der Sand aus dem Bauer oder der Voliere entfernt werden.

F. Schnabelräude (Cnemidocoptes pilae)

Vorkommen: Besonders Wellensittiche, seltener Großpapageien.
Ursache: Die Milbe ist 0,4 mm lang und wird durch die Elterntiere auf die Nestlinge übertragen. Bis zum Auftreten sichtbarer Symptome können Jahre vergehen!
Symptome: Borkige, weißliche Veränderungen an der Schnabelwurzel sind die ersten Anzeichen. Nach und nach werden dann auch die Umgebung der Augen, die Kloakengegend und die Ständer befallen. Das Schnabelhorn wird weißlich verfärbt, porös und zeigt deutliche Bohrgänge (Abb. 17, S. 109).
Diagnose: Die Diagnose kann durch eine mikroskopische Untersuchung der Auflagerungen gestellt werden.
Ähnliche Krankheiten: Überschießende Verhornung der Wachshaut.
Behandlung: Es eignen sich keratolytische, also Borken aufweichende Salben, und Mittel gegen Parasiten zur örtlichen Behandlung.
Seit einiger Zeit besteht auch die Möglichkeit, durch Auftragen eines Antiparasitikums auf die Rückenhaut des Vogels die Parasiten zu bekämpfen; das Mittel ist – richtig dosiert – ungiftig für den Vogel, dringt durch die Haut in die Blutbahn und ins Gewebe ein. Die Parasiten werden dann sozusagen beim Fressen vergiftet. Diese Methode eignet sich besonders dann, wenn der ganze Bestand befallen ist.

4. Augenerkrankungen

A. Entzündungen der Lidbindehaut (Konjunktivitis)

Vorkommen: Alle Vogelarten.

Ursache: Zugluft, Fremdkörper, Verletzungen, infektiöse Ursachen.

Symptome: Die Vögel zeigen ein- oder beidseitig wäßrigen oder schleimig-eitrigen Ausfluß und Schwellung der Augenumgebung. Häufig ist deutlicher Juckreiz vorhanden. Die Vögel scheuern ihren Kopf an den Käfigstangen, halten die Augenlider halb geschlossen und machen häufig einen deutlich kranken Eindruck (siehe Abb. 18, S. 110).

Diagnose: Eine Entzündung der Bindehäute ist oft ein Symptom für eine allgemeine Infektion; sie sollte deshalb auf keinen Fall leichtgenommen werden. Besonders, wenn zusätzlich Schnupfen besteht, sollte sicherheitshalber ein Tierarzt aufgesucht werden.

Ähnliche Krankheiten: Kanarienpocken, Papageienkrankheit, Atypische Geflügelpest.

Behandlung: Als erste Maßnahme wird Sand aus dem Bauer entfernt und der Vogel einzeln gesetzt. Verklebtes Sekret und Borken löst man mit Kamillentee. Antibiotische Augensalben, mindestens einmal täglich aufgetragen, können Bakterien bekämpfen. In Fällen mit gestörtem Allgemeinbefinden wird der Tierarzt den Vogel zusätzlich durch eine Injektion mit Antibiotika versorgen. Vitamin-A-Gaben und Bestrahlung mit einer Wärmelampe wirken sich auf die Heilung positiv aus.

B. Linsentrübung (Katarakt)

Vorkommen: Kanarienvögel, andere Finkenarten, Wellensittiche.

Ursache: Vermutet wird eine erbliche Veranlagung.

Symptome: Als Zeichen einer Linsentrübung erkennt man bei Lichteinfall und bei entsprechend hohem Grad der Veränderung einen weißlichen Glanz im Zentrum des Auges. Die Sehkraft vermindert sich nach und nach; der Vogel wird darum zunehmend schreckhafter. In seiner gewohnten Umgebung findet er sich noch gut zurecht, aber es darf nichts verändert werden. Je weniger der Vogel sieht, um so seltener fliegt er noch.

Diagnose: Die Diagnose kann unter anderem mit Hilfe einer Taschenlampe gestellt werden, indem in das vorher abgedunkelte Auge hineingeleuchtet wird. Schließt sich die Pupille nicht, wird ersichtlich, daß durch die getrübte Linse hindurch das Licht nicht mehr auf die Netzhaut gelangen kann.

Ähnliche Krankheiten: Verletzungen des Auges.

Behandlung: Eine Behandlung ist nicht möglich. Solange der Vogel in gewohnter Umgebung leben kann, besteht kein Grund ihn einzuschläfern.

5. Erkrankungen der Nase

A. Schnupfen und Verstopfung der Nasenlöcher

Vorkommen: Besonders bei Graupapagei und Amazone.
Ursache: Als Ursache kommen Haltung bei zu trockener Luft in zugigen oder stark staubhaltigen Räumen und Vitamin-A-Mangel in Frage. Auch infektiöse Ursachen sind möglich (siehe Seite 95).
Symptome: Der Vogel niest häufig. Es kann Ausfluß aus einem oder beiden Nasenlöchern bestehen, der entweder flüssig und klar oder zähflüssig und weißlich-eitrig sein kann.
Bei vollständiger Verstopfung der Nasenlöcher tritt Atemnot ein: man erkennt das am „Schwanzwippen" und „Backenblasen". Die Symptome nehmen langsam zu, meist vom Besitzer unbemerkt oder verharmlost. Erst wenn Störungen des Allgemeinbefindens einsetzen oder das Nasenloch erweitert und verformt ist, wird ein Tierarzt zu Rate gezogen. Dieses Verschleppen eines Schnupfens beim Vogel ist sehr ungünstig – daher sollten Symptome ernstgenommen und entsprechend schnell für Abhilfe gesorgt werden!
Diagnose: Die Diagnose wird aufgrund der Symptome gestellt. Durch Auftragen von Kamillentee, Augen- oder Nasentropfen auf die Nasenlöcher wird die Durchgängigkeit geprüft. Rollen die Tropfen ab, ohne eingeatmet zu werden, ist die Nase verstopft und eine umgehende Behandlung durch den Tierarzt muß erfolgen.
Ähnliche Krankheiten: Entzündung der Nasennebenhöhlen, Papageienkrankheit.
Behandlung: Rotlichtbestrahlung!
Mit Kamillenkompressen wird versucht, das verhärtete Sekret aufzuweichen, so daß es entweder ausgeniest oder mit Hilfe eines Wattestäbchens (Q-Tip) entfernt werden kann.
Inhalationen mit Kamillenblüten und einem Tropfen Kampferspiritus können täglich für 5 Minuten durchgeführt werden (siehe Seite 50). Besteht eine Erkältung längere Zeit, ist das Allgemeinbefinden gestört oder sind die Nasenlöcher verstopft, muß auf alle Fälle der Tierarzt zu Rate gezogen werden!

B. Entzündung der Nasennebenhöhlen (Sinusitis)

Vorkommen: Alle Vogelarten, besonders häufig Graupapagei und Nymphensittich betroffen.
Ursache: Ursache sind bakterielle Infektionen, deren Ausbreitung durch Vitamin-A-Mangel begünstigt wird.
Symptome: Eine Entzündung der Nasennebenhöhlen äußert sich durch

Schwellungen im Bereich zwischen Auge, Nase und Ohr. Sie tritt entweder ein- oder beidseitig auf.
Diagnose: Der Tierarzt stellt die Diagnose durch eine Röntgenaufnahme oder eine Punktion der Umfangsvermehrung.
Ähnliche Krankheiten: Verschmutzungen, Verklebungen und Tumorwachstum.
Behandlung: Solange die Umfangsvermehrungen weich und nicht zu großflächig sind, kann versucht werden, durch konservative Behandlung, daß heißt mit Gaben von Antibiotika und Wärmezufuhr (Rotlichtlampe), die Entzündung zurückzudrängen. Ist das nicht mehr möglich, muß der Tierarzt die Eiterherde operativ beseitigen und anschließend antibiotisch behandeln.

6. Erkrankungen des Ohres

A. Tumoren des Ohres

Vorkommen: Hühnervögel, Papageien.
Ursache: Unbekannt.
Symptome: Meist fällt dem Besitzer die Veränderung erst auf, wenn ein hornartiger Zapfen aus dem Ohrloch herausragt. Der Kopf wird schief gehalten, es kommt zu Gleichgewichtsstörungen, und durch eventuelle Schmerzen beim Fressen wird das Futter nur langsam aufgenommen und die Körner nicht vollständig entspelzt.
Ähnliche Krankheiten: Störungen des zentralen Nervensystems, Vergiftungen, Verletzungen oder Entzündungen des Ohres.
Behandlung: Der Tierarzt kann versuchen, den Tumor operativ zu entfernen. Wenn dies wegen ausgedehnter Gewebsschädigungen nicht mehr möglich ist, sollte der Vogel eingeschläfert werden.

B. Blutungen im Innenohr

Vorkommen: Alle Vogelarten.
Ursache: Verletzungen.
Symptome: Die Vögel halten den Kopf schief, zeigen plötzlich Gleichgewichtsstörungen; womöglich so stark, daß sie von der Stange fallen.
Diagnose: Die Diagnose kann gestellt werden, indem man die Federn vor dem Ohrloch beiseite hält und das Trommelfell in Augenschein nimmt: Bei Blutungen wird ein vorgewölbtes Trommelfell sichtbar.
Ähnliche Krankheiten: Tumoren, Vergiftung, Vitamin-B-Mangel, Gehirnerschütterung, Ohrentzündung.
Behandlung: Der Vogel sollte ruhig und dunkel gehalten werden. Bei frischen Blutungen versucht der Tierarzt, mit Medikamenten die Blutungen einzudämmen und eine Abschwellung zu erreichen.

7. Erkrankungen des Nervensystems

A. Lähmungen der Beine

Vorkommen: Alle Vogelarten, besonders Wellensittich.

Ursache: Mangel an Vitaminen des B-Komplexes, Druck auf Nerven durch Tumorwachstum, Zerrungen, eingewachsener Ring.

Symptome: Je nach Ursache sitzt der Vogel verängstigt auf der Stange und kann sich kaum festhalten (Abb. 22, S. 112). Es kommt zu unkoordinierten Bewegungen und ein- oder beidseitigen Lähmungserscheinungen. Häufig wird der Schnabel zum besseren Festhalten mit eingesetzt.

Diagnose: Röntgenaufnahme, Prüfung der Reflexe.

Ähnliche Krankheiten: Knochenbrüche, Tumoren, Gicht, Salmonellose.

Behandlung: Je nach Ursache können Ruhe und Schonung eventuell schon zur Ausheilung führen. Vitamine des B-Komplexes können über das Trinkwasser oder durch Injektionen verabreicht werden und wirken sich günstig auf das Nervengewebe aus. Massage einer Gliedmaße kann der Durchblutung und damit der Heilung dienlich sein.

B. Atypische Geflügelpest (Newcastle Disease)

Vorkommen: Hühnervögel, aber auch Finkenvögel und neu importierte Papageien können erkranken.

Ursache: Eine Infektion mit einem Virus der Gruppe der Paramyxoviren führt zu Störungen des Zentralen Nervensystems.

Symptome: Die Symptome der Atypischen Geflügelpest sind nicht eindeutig und können von Vogelart zu Vogelart anders aussehen.

Bei Finkenvögeln stehen Atemstörungen mit Entzündungen der Bindehäute im Vordergrund. Es kommt zu wäßrigen Durchfällen und innerhalb von 4 Wochen können 50 % des Bestandes sterben.

Bei den Papageien besteht eine Anfälligkeit für diese Infektionskrankheit nur unter den Jungtieren oder in Zusammenhang mit besonderen Streßsituationen (längere Transporte usw.). Die Vögel zeigen zu Beginn Atemstörungen, einhergehend mit Apathie und struppigem Federkleid. Nach und nach setzen Gleichgewichtsstörungen ein: zitternde Kopfbewegungen, Krämpfe mit rhythmischen Zuckungen des ganzen Körpers. Die Vögel überschlagen sich unter heftigem Flattern und stoßen leise, piepende Töne aus.

Diagnose: Die exakte Diagnose kann am lebenden Tier durch Antikörpernachweis im Blut gestellt werden.

Beim toten Tier kann das Virus in Abstrichen von Luftröhre und Milz gefunden werden.

Die Atypische Geflügelpest ist eine anzeigepflichtige Tierseuche für Tierarzt und Tierbesitzer (Amtstierarzt)!

Ähnliche Krankheiten: Blutungen im Gehirn infolge von Unfall, epileptiforme Krämpfe, Bleivergiftung, Tumoren des Ohres, Vitamin-E-Mangel durch Verfütterung ranziger Samen, Vitamin-B_1-Mangel (bes. beim Beo mit ausschließl. Mehlwurmfütterung), erhöhte Harnsäurewerte im Blut.
Behandlung: Eine ursächliche Behandlung ist (wie bei allen Viruserkrankungen) bei der Atypischen Geflügelpest nicht möglich. Bei Verdacht sollten die erkrankten Tiere abgesondert werden, und durch Gabe von Antibiotika kann versucht werden, zumindest einer Verschlechterung durch hinzukommende Bakterien vorzubeugen.

8. Erkrankungen der Verdauungsorgane

Vögel haben eine höhere Stoffwechselrate als Säugetiere und müssen daher häufig Nahrung aufnehmen, die schnell verdaut und umgesetzt wird. Kleine Vögel fressen pro Tag mehr, als ihrem Körpergewicht entspricht. Je kleiner der Vogel, um so kürzer die Überlebenszeit ohne Nahrungsaufnahme!
Fehlfunktionen des Verdauungstraktes sind daher bei Vögeln schwerwiegender als bei Säugetieren und bedürfen schneller Abhilfe!

A. Schnabeldeformationen

Vorkommen: Besonders bei Vögeln in zu kleinen Volieren.
Ursache: Mangel an Vitaminen und Mineralstoffen kann zur Veränderung der Festigkeit des Schnabelhornes mit anschließender Verformung führen. Befall mit Räudemilben führt zur Aufweichung des Hornes mit anschließender Fehlstellung. Auch Bißverletzungen durch Artgenossen, Unfälle oder Tumoren können Ursache für Schnabeldeformationen sein.
Symptome: Ober- und Unterschnabel passen nicht mehr aufeinander, es treten Verkrümmungen und Fehlstellungen auf, die so hochgradig sein können, daß der Vogel die Nahrung nicht mehr aufnehmen kann und er in Gefahr gerät, zu verhungern (siehe Abb. 7, Seite 38).
Behandlung: Der Schnabel wird mit einer scharfen Nagelschere oder einem Nagelclip abgeschnitten und anschließend mit einer Nagelfeile geglättet. Ebenso werden eventuelle Hornschuppen durch Abfeilen entfernt. Bei großen Papageien muß dazu der Ober- und Unterschnabel zugehalten werden, um ungestört und ohne Beschädigung der Zunge arbeiten zu können. Da die Schnabelspitze mit Nerven und Blutgefäßen versorgt ist, muß diese Arbeit einem Fachmann überlassen werden. Treten Blutungen auf, wird ein in Eisen-III-Chlorid getupftes Wattestäbchen auf die Schnabelspitze gedrückt; in hochgradigen Fällen muß die Blutung mit einem Thermokauter gestillt werden.

B. Kropfentzündung

Vorkommen: Alle Vogelarten mit Kropf, besonders Wellensittiche.

Ursache: Durch Aufnahme von mit Kot verunreinigtem Futter oder Gritsteinen sowie durch verschimmeltes Futter werden Entzündungen der Kropfwand hervorgerufen.
Ebenso kann eine Infektion mit Einzellern (Trichomonaden) zur Kropfentzündung führen.
Daneben kann die Kropfentzündung aber auch als Begleiterscheinung von anderen Erkrankungen auftreten, zum Beispiel bei Aspergillose, Magenerkrankungen oder Tumoren im Bauchraum.

Symptome: Die Vögel sitzen aufgeplustert da, sie würgen und schleudern das mit zähem Schleim vermengte Futter wieder aus. Der Kropf ist angefüllt mit schleimigem Sekret und wölbt sich unter dem Gefieder mehr oder weniger deutlich hervor. Manchmal kann man beobachten, wie die Vögel den ganzen Tag vor der Futterschüssel sitzen und darin herumpicken, ohne wirklich etwas abzuschlucken. Das Kopfgefieder sieht zerzaust, struppig und verklebt aus („Kopfschwitzen").

Diagnose: Durch Betasten des Kropfes ist eine Veränderung seiner Wand zu fühlen. Dies muß vorsichtig geschehen, da sonst Kropfinhalt zur Schnabelhöhle gedrückt und über die Luftröhre eingeatmet werden kann. In Abstrichen von entzündeter Kropfschleimhaut können unterschiedliche Bakterien (Chlamydien, Escherichia coli, Pasteurellen), Pilze (Candida) oder Einzeller (Trichomonaden) nachgewiesen werden.

Ähnliche Krankheiten: Besonders bei männlichen Wellensittichen ohne Geschlechtspartner kommt es häufiger zum Hochwürgen von Futter vor dem Spiegel, an allen möglichen glänzenden Gegenständen oder vor seinem Pappkameraden. Hierbei handelt es sich um Balzverhalten, das mangels eines lebenden Partners an Ersatzobjekten ausgelebt wird.

Behandlung: Die tägliche Körnerration wird in mehreren kleinen Portionen angeboten. Diese Gewohnheit sollte auch später beibehalten werden; wird nämlich die Fütterungstechnik nicht vorbeugend geändert, kommt es häufig zu erneutem Auftreten (Rezidiv) der Erkrankung. Rotlichtbestrahlung! Statt Wasser wird Kamillentee mit Traubenzucker, noch besser Salbeitee angeboten. Tee wirkt in diesem Fall entzündungshemmend und damit heilend auf die Schleimhäute. Bei starker Anschoppung von Schleim im Kropf führt der Tierarzt eine stumpfe sogenannte Knopfkanüle in den Kropf ein und saugt das Sekret ab. Anschließend wird ein Antibiotikum gegen die Entzündung in den Kropf gespritzt. Reichen diese Maßnahmen zur Besserung nicht aus, muß der Vogel zusätzlich Antibiotika über Futter, Wasser oder durch Injektionen erhalten.

C. Kropfanschoppung

Vorkommen: Alle Vogelarten mit Kropf.
Ursache: Als mögliche Ursache gilt eine übertriebene Aufnahme von Futter oder Sand nach chronischem Gritmangel.
Symptome: Der Kropf ist prall gefüllt und wölbt sich deutlich hervor. Die Tiere sind apathisch; in Einzelfällen tritt Durchfall auf.
Diagnose: Beim Befühlen des Kropfes fällt neben seiner Größe eine ungewöhnlich feste Konsistenz auf; die durch vorsichtiges Tasten hervorgerufenen Eindrücke bleiben für einige Zeit bestehen.
Ähnliche Krankheiten: Kropfentzündung.
Behandlung: Tritt eine Kropfanschoppung auf, sollte nicht erst gewartet werden, bis sich das Allgemeinbefinden durch Hunger – der Vogel hat ja nichts im Magen – verschlechtert. Sofort sollte ein Tierarzt aufgesucht werden, der gegebenenfalls in einer Operation den Kropf aufschneiden und entleeren wird. Danach wird der Vogel eine Zeitlang mit Weichfutter ernährt, das ihm in kleinen Portionen über den Tag verteilt zugeteilt wird. Da sich häufig als zusätzliche Komplikation eine Entzündung einstellt, wird auch eine antibiotische Versorgung vorgenommen.
Um einer erneuten Kropfanschoppung vorzubeugen, wird solch ein Patient sein Futter mehrmals am Tag in kleinen Portionen bekommen. Für ausreichende Gritaufnahme ist zu sorgen.

D. Erweiterung des Drüsenmagens (Macaw wasting Syndrom)

Vorkommen: Papageien, bevorzugt Aras, Kakadus und Graupapageien.
Ursache: Als Ursache wird ein Virus vermutet.
Symptome: Die Erkrankung verläuft chronisch und geht mit Abmagerung und Störung des Allgemeinbefindens einher. Die Nahrung wird schlecht verdaut, so daß mit dem Kot unverdaute Körner ausgeschieden werden.
Diagnose: Die Verdachtsdiagnose ist schon durch den Vorbericht zu stellen. Des weiteren kann der Tierarzt Röntgenaufnahmen anfertigen, und zwar sowohl mit als auch ohne Kontrastmittel-Eingabe. Das Kontrastmittel dient zur besseren Abgrenzung des Magen-Darm-Kanales gegen die anderen Baucheingeweide. Ein Beweis für das Vorliegen des Macaw wasting Syndroms ist erst am toten Tier durch die histologische Untersuchung der Drüsenmagenwand zu erbringen.
Ähnliche Krankheiten: Ähnliche Symptome können immer dann auftreten, wenn die Tiere chronischen Gritmangel erleiden und es dadurch zu einer Erweiterung des Drüsenmagens kommt.
Behandlung: Eine Behandlung ist nicht möglich. Dem Vogel sollte leicht verdauliches Futter angeboten werden (gekochter Reis, vorgekeimtes Getreide, Ei, gekochtes Gemüse). Bei deutlicher Abmagerung und gestörtem Allgemeinbefinden sollte der Vogel eingeschläfert werden.

Um zur Erforschung dieser Viruserkrankung beizutragen, sollte jeder verdächtige gestorbene Vogel seziert werden.

E. „Leichterwerden" des Wellensittichs

Vorkommen: Wellensittich.

Ursache: Bislang unbekannt, möglicherweise spielen Pilze in der Drüsenmagenwand eine Rolle.

Symptome: Obwohl das Allgemeinbefinden zunächst ungestört erscheint, nimmt der Vogel ständig an Gewicht ab. Im Endstadium wiegt solch ein Vogel häufig unter 30 Gramm (siehe Tabelle über Normalgewichte, S. 42). Die Prognose, also die Aussicht auf Heilung, ist bei einem Wellensittich mit einem Körpergewicht von unter 30 g äußerst schlecht. Es kann zum Hochwürgen von Futter und eventuell zu Durchfall kommen. Im Kot werden unverdaute Körner ausgeschieden.

Ähnliche Krankheiten: Alle mit Abmagerung einhergehenden Erkrankungen.

Behandlung: Bislang fraglich. In einigen Fällen kann durch Antibiotikagaben (Ampicillin) ein Therapieerfolg erreicht werden.

F. Verstopfung

Vorkommen: Bei allen Vogelarten möglich, aber selten.

Ursache: Die Ursache ist in Mängeln bei der Wasser- und Futterversorgung der Vögel zu suchen. Auch können Fremdkörper oder Gifte eine Rolle spielen. Besonders beim Wellensittich wird Verstopfung durch Tumoren anderer Organe (Leber, Niere), die auf den Darm drücken und die Darmpassage behindern, verursacht.

Symptome: Die Vögel sind sehr unruhig und bepicken die Kloakengegend. Während des Kotabsatzes wird der Schwanz seitlich geschüttelt. Die Häufigkeit des Kotabsatzes läßt nach.

Diagnose: Röntgenaufnahme.

Ähnliche Krankheiten: Legenot. Eine Darmentzündung kann leicht mit Verstopfung verwechselt werden, da es auch hier zu häufigem Pressen und Kotverklebungen um die Kloake herum kommt.

Behandlung: Es sollte mehr als sonst üblich Obst und Gemüse gefüttert werden. Der Vogel sollte ständig Zwieback zum Knabbern im Käfig haben. Bei Verhärtung des Darminhalts wird dieser durch Eingabe von Paraffinöl in den Kropf erweicht. Vögel, die durch Tumorwachstum eines Bauchorganes keinen Kot absetzen können, müssen entweder eingeschläfert oder, falls möglich, operiert werden.

G. Darmentzündung (Enteritis)

Vorkommen: Alle Vogelarten.

Ursache: Man unterscheidet zwischen infektiösen und nichtinfektiösen Ursachen. Zu den nichtinfektiösen zählen: Futterwechsel; mit Schimmel-

pilzen verunreinigtes Futter; Streß, Angst; Vergiftungen durch Aufnahme von giftigen Pflanzen, chemischen Stoffen, Blei.
Als infektiöse Ursachen spielen Bakterien, Pilze und Parasiten eine Rolle. Zur Vorbeugung sollte man sich bei Zukauf eines Vogels unbedingt über die gewohnte Fütterung informieren und den Vogel für die erste Eingewöhnungszeit ebenso füttern.
Neuzugänge sollten prinzipiell 6 Wochen in Quarantäne gehalten werden.

Symptome: Das Hauptsymptom einer Darmentzündung ist Durchfall mit Verklebung des Gefieders in der Kloakengegend. Hierbei wird der grünlich-braune Anteil der Ausscheidungen verflüssigt ausgeschieden. Der weiße Anteil – Harn – ist häufig unverändert. Siehe auch Seite 97.
Je leichter der Vogel, um so schneller verliert er wegen des Durchfalls an Körperwasser und Mineralstoffen und gerät in einen lebensbedrohlichen Zustand. Wichtig ist daher eine regelmäßige Gewichtskontrolle (siehe Seite 42). Die Tiere plustern sich auf und trinken häufig auffallend viel, Körnerfresser nehmen intensiv Grit auf.

Diagnose: Durch Laboruntersuchung einer frischen Kotprobe ist es möglich, infektiöse Ursachen zu erkennen (Seite 45).

Behandlung: In jedem Fall muß der erkrankte Vogel von den gesunden Tieren abgesondert werden. Ausscheidungen sind möglichst häufig zu entfernen; dazu sollte der Boden des Käfigs mit Küchenpapier ausgelegt werden. Bestrahlung mit Rotlicht trägt dazu bei, das Allgemeinbefinden des Vogels zu verbessern. Leichtverdauliches Futter wird in kleinen Portionen zugeteilt. Statt Wasser sollte Kamillentee angeboten werden, der bei hochgradig gestörtem Allgemeinbefinden mit Traubenzucker (eine Messerspitze je Trinknapf) versetzt wird. Kohle kann entweder als Pulver in Weichfutter gedrückt werden, oder als kleine, reiskorngroße Stücke von Kohlekompretten abgeschabt und unter das Körnerfutter gemischt werden.
Die Behandlung sollte durch den Tierarzt erfolgen und richtet sich nach der Ursache (Wurmmittel bei Darmparasiten, Kokzidiostatika bei Kokzidien, Antibiotika bei Bakterien). Bei Einsatz solcher Medikamente muß auf das sonst gut wirksame „Anti-Durchfall-Mittel" Kohletablette unbedingt verzichtet werden: Kohle absorbiert, das heißt, nimmt an ihrer Oberfläche Stoffe auf und bindet sie. Dieses gilt für Schadstoffe, aber genauso auch für andere Substanzen: über den Schnabel verabreichte Medikamente würden unwirksam. Kohle wird also nur so lange verwendet, wie gleichzeitig keine weiteren Medikamente gegeben werden.
Ähnliches gilt bei Anwendung von Tetracyclinen: Werden diese Antibiotika verabreicht, ist zu beachten, daß es in Kombination mit Kalk im Darmtrakt des Vogels zu einer Neutralisation des Medikamentes kommt.

H. Erkrankungen der Bauchspeicheldrüse

Vorkommen: Alle Vogelarten.
Ursache: Entzündung, Tumor.
Symptome: Dem Besitzer fällt als erstes Zeichen eine Veränderung des Kotanteiles in den Ausscheidungen auf: dieser ist weiß verfärbt und fest geformt. Bei nur oberflächlicher Betrachtung sieht es also so aus, als wenn nur Harn und gar kein Kot ausgeschieden wird.
Besteht dieser Zustand längere Zeit, kommt es zu Abmagerung und Gewichtsverlust.
Ähnliche Krankheiten: Alle mit Abmagerung einhergehenden Erkrankungen.
Behandlung: Nicht möglich. Versuchsweise sollten leichtverdauliche Futtermittel wie Eizwieback oder Haferflocken verfüttert werden.

I. Kloakenvorfall

Vorkommen: Alle Vogelarten.
Ursache: Folge und Begleiterscheinung von Legenot, hochgradiger Darmenzündung oder Tumoren der Kloakenschleimhaut.
Symptome: Die Vögel sind sehr unruhig und bepicken ständig die Kloakengegend. Stark gerötete bis bräunliche Schleimhaut stülpt sich permanent oder von Zeit zu Zeit aus der Kloakenöffnung hervor.
Diagnose: Zur Abklärung der Diagnose und schneller Hilfestellung sollte ein Tierarzt aufgesucht werden.
Behandlung: Sofort sollte der Sand aus dem Bauer entfernt werden, um zusätzliche Verschmutzungen zu vermeiden. Der Vogel wird einzeln gesetzt, um ein Bepicken durch Artgenossen zu verhindern.
Die Zurückverlegung der vorgefallenen Schleimhaut in den Bauchraum muß durch den Tierarzt erfolgen. Kommt es erneut zum Vorfall, muß eventuell ein Faden in den Kloakenschließmuskel eingezogen und gerade eben so fest verknotet werden, daß Kot und Harn noch abgesetzt werden können. Dieser Faden wird normalerweise nach einer Woche gezogen. Handelt es sich um eine Neubildung der Kloakenschleimhaut, kann der Tierarzt diese mit entsprechenden Instrumenten abbrennen. In jedem Fall muß auch die eigentliche Ursache behandelt werden.

J. Infektion mit Salmonellen (Salmonellose)

Vorkommen: Alle Vogelarten.
Ursache: Es handelt sich um eine bakterielle Erkrankung, hervorgerufen durch mehrere unterschiedliche Arten von Salmonellen. Die mit dem Kot ausgeschiedenen Salmonellen sind außerhalb des lebenden Organismus jahrelang infektionsfähig! Eine einmal verseuchte Voliere kann so immer wieder Ansteckungsherd sein. Auch können Ratten, Mäuse oder an

Salmonellose erkrankte Wildvögel zu einer Infektion eines Bestandes führen; genau wie zugekaufte Tiere, die – obwohl klinisch unauffällig – womöglich Dauerausscheider von Salmonellen sind. Besonders frisch importierte junge Vögel erkranken schwer und können die Infektion in den Bestand einschleppen. Eine sechswöchige Quarantäne sollte bei Zukauf (prinzipiell) eingehalten werden!
Besonders im Winter und unter sonstigen Streßeinwirkungen kommt es zu Krankheitsausbrüchen. Die Zeit von der Ansteckung bis zum Ausbruch der Krankheit beträgt 3–5 Tage.
Eine Ansteckung des Menschen ist zwar möglich, aber nur bei Schwächung seiner allgemeinen Abwehrlage und bei hochgradiger Anreicherung der Bakterien in der Umgebung auch wahrscheinlich.
Symptome: Erkrankte Tiere sitzen aufgeplustert, setzen dünnflüssigen Kot ab, zeigen deutlich verschmutztes Gefieder um die Kloake herum und sind übertrieben zutraulich. Bei chronischem Verlauf kommt es zu Gelenkschwellungen mit Lahmheiten.
Diagnose: Die Diagnose ist durch Erregernachweis in frischem Kot möglich (bakteriologische Untersuchung, Seite 45). Jedes Veterinäruntersuchungsamt kann eine solche Untersuchung durchführen. Dazu werden dreimal im Abstand von 2 Tagen Kotproben eingeschickt und untersucht.
Ähnliche Krankheiten: Pseudotuberkulose, Erkrankungen durch Würmer und Einzeller.
Behandlung: Die Behandlung erfolgt mit Antibiotika. Der Therapieerfolg muß durch mindestens zwei im Abstand von 3 Wochen negativ verlaufende Kotproben gesichert werden.

9. Erkrankungen durch Würmer und Einzeller (Endoparasiten)

Mit Erkrankungen durch Parasiten ist vorwiegend in Zuchten und vor allem in Freivolieren zu rechnen.

A. Befall mit Kokzidien (Atoxoplasmose)

Vorkommen: Häufige Erkrankung der Kanarienvögel, aber auch vieler anderer Sperlingsvögel. Die Infektion findet bereits im Nest statt und trifft meistens Vögel der zweiten Brutperiode.
Unter normalen Umständen leben die Vögel in einem Gleichgewicht mit den Einzellern, erst bei Streß durch Umstellung auf anderes Futter, Überbesatz oder Schwächung der Tiere durch sonstige Ursachen kommt es zur Massenvermehrung der Parasiten im Darm der Tiere, so daß die Menge der im Kot ausgeschiedenen Eier (Oozysten) drastisch

steigt. Hierdurch steigt die Ansteckungsgefahr der bislang nicht infizierten Vögel. Unter unhygienischen Haltungsbedingungen kann es zur Reifung und damit zur Ansteckungsfähigkeit der Parasiteneier innerhalb von zwei Tagen kommen.

Ursache: Die Infektion erfolgt durch Aufnahme von Einzellern (Isospora serini) mit dem Kot infizierter Vögel. Im Darm kommt es zur Vermehrung und zum Befall der Darmzellen; die Darmschleimhaut wird nach und nach zerstört. Darüber hinaus vermehrt sich der Erreger auch in den Organen Leber, Milz, Lunge. Wegen der angeschwollenen Leber, die – eng an der Bauchwand liegend – durch diese hindurchschimmert, wird diese Krankheit auch als „Rotbäuchigkeit" bezeichnet.

Vorbeugend sollten alle frisch zugekauften Finkenvögel einzeln gehalten und eine parasitologische Kotprobe durchgeführt werden! In einem Volierenbestand sollte 3–4mal jährlich eine Sammelkotprobe untersucht werden.

Symptome: Besonders häufig sind Jungvögel betroffen. Einige Wochen nach dem Absetzen sitzen sie aufgeplustert mit aufgetriebenem Leib da, atmen schwer und haben Durchfall. Die Ausscheidungen können teilweise blutig sein. Plötzliche Todesfälle kommen vor. Bei Betrachtung des Bauches durch Beiseitepusten des Bauchgefieders können die dicke Leber und die rötlichen Darmschlingen sichtbar werden.

Diagnose: Die Diagnose wird anhand einer frischen Kotprobe, die nachmittags zwischen 14 und 18 Uhr gesammelt wird, gestellt.

Das Sammeln in den Nachmittagsstunden ist wichtig, da besonders in dieser Zeit die 25 μm (1 μm = $^1/_{1000}$ mm) großen Oozysten ausgeschieden werden!

Behandlung: Neben der eigentlichen Behandlung mit Medikamenten, sind therapiebegleitende Maßnahmen unerläßlich: Durch tägliches gründliches Säubern der Käfige – oder tägliches Umsetzen der Tiere in andere Käfige – kann der Infektionszyklus unterbrochen werden, da die Eier im Kot 2 Tage brauchen, um überhaupt ansteckungsfähig zu sein. Gutes Eifutter und Vitamin A sollte angeboten werden. Futter- und Trinknäpfe müssen täglich gereinigt und anschließend getrocknet werden. Überbesatz ist zu vermeiden. Sichtbar kranke Vögel müssen abgesondert werden. Eine einmal verseuchte Voliere ist schwer frei von Kokzidien zu bekommen, da diese schlecht mit Desinfektionsmitteln anzugreifen sind.

Zur Bekämpfung der Atoxoplasmose wird der Tierarzt zum Beispiel eine Medikation mit Sulfonamiden über das Trinkwasser anordnen, wobei mit den meisten Präparaten zweimal 5 Tage, dazwischen 2 Tage Unterbrechung, behandelt wird. Eine Überdosierung ist zu vermeiden, da es zu

Vergiftungen kommen würde. Da Mittel gegen Kokzidien (Kokzidiostatika) den Vitaminhaushalt stark strapazieren, sollten mindestens für eine Woche nach der Behandlung Vitamine (A, D_3, K, E) gegeben werden. Auf die Gabe von B-Vitaminen sollte während der Behandlungsdauer verzichtet werden.

B. Darmkokzidiose

Vorkommen: Kanarienvögel, Hühnervögel, Rabenvögel, Tauben.
Ursache: Kokzidien (Eimeria, Isospora canaria). Diese einzelligen Lebewesen aus der Klasse der Sporentierchen leben unter normalen Umständen im Gleichgewicht mit ihrem Wirt, ohne diesen krankzumachen. Erst bei Minderung der Widerstandskraft der Vögel durch Transport, Überbesatz, Witterungseinflüsse, Mängel in der Fütterung usw. kommt es zu massenhafter Vermehrung der im Darm vorhandenen Einzeller. Hierdurch kommt es zur stärkeren Anreicherung der Parasiten in der Voliere, und weitere Krankheitsfälle treten auf.
Vorbeugend muß eine Kotuntersuchung von zugekauften Vögeln vor dem Zusammensetzen in die Voliere erfolgen!
Symptome: Die Kokzidien befallen nach der Aufnahme mit der Nahrung Darmzellen und vermehren sich dort. Die nachfolgenden Generationen befallen erneut Darmzellen, und so kommt es zu großflächigen Zerstörungen der Darmschleimhaut (siehe Abb. 19, S. 110). Die Vögel sitzen aufgeplustert da, magern ab und zeigen Durchfall. Todesfälle treten auf.
Diagnose: Parasitologische Kotuntersuchung von zwischen 14 und 18 Uhr abgesetztem Kot (siehe S. 44).
Bei der Sektion eines toten Vogels findet man die Kokzidien ausschließlich im Darmkanal, daher Darmkokzidiose, während bei der Atoxoplasmose Kokzidien auch in den Organen Leber, Milz und Lunge zu finden sind.
Ähnliche Krankheiten: Alle mit Durchfall einhergehenden parasitären Erkrankungen; Atoxoplasmose.
Behandlung: Eine Behandlung kann nur dann Erfolg haben, wenn auch die Haltungsbedingungen verbessert werden und eine gründliche, tägliche Reinigung des Volierenbodens erfolgen kann. Eine besondere Sauberkeit ist wichtig, da die ausgeschiedenen Kokzidien-Oozysten erst nach 2 Tagen Entwicklung in der Außenwelt überhaupt ansteckend wirken können. Die eigentliche Bekämpfung der Kokzidien erfolgt durch Sulfonamide.
Darmkokzidiose und Atoxoplasmose können auch nebeneinander auftreten; in der Therapie bestehen keine Unterschiede.

C. Befall mit Trichomonaden (Trichomoniasis)

Vorkommen: Prachtfinken, Kanarienvögel, Sperlinge, Tauben, Hühner, Greifvögel, Möwen; bei Papageien selten und nur bei frisch importierten Tieren.

Ursache: Trichomonaden sind einzellige Lebewesen von 15 μm Größe (1 μm = 1/1000 mm), die auch als Geißeltierchen (Flagellaten) bezeichnet werden. Die Übertragung erfolgt entweder von Tier zu Tier durch das Füttern der Jungtiere oder über das Trinkwasser.

Symptome: Erkrankungen treten besonders im Sommer bei Jungtieren auf. Die Bezeichnung „Gelber Knopf" für diese Erkrankung weist auf die Symptome hin: in der Schnabel- und Rachenhöhle kommt es zu gelblich-käsigen Auflagerungen. Diese Veränderungen kommen in unterschiedlichen Graden vor: von stecknadelkopfgroßen Stippen bis hin zu großflächigen Zubildungen. Entsprechend variieren die Krankheitsanzeichen von „Schleudern mit dem Kopf", Kropfanschoppung, Atemnot mit gelegentlichem Durchfall bis hin zur Verweigerung jeglicher Aufnahme von Futter mit Abmagerung.

Diagnose: Die Diagnose kann vom Tierarzt durch einen Abstrich von der Rachenschleimhaut und anschließender mikroskopischer Untersuchung gestellt werden. Der Objektträger sollte vorher angewärmt werden, um die Eigenbewegung der Geißeltierchen zu erhalten.

Ähnliche Krankheiten: Durch das Wachstum einer bestimmten Pilzart (Candida) kann es bei Großpapageien zu ähnlichen Auflagerungen im Rachenbereich kommen. Hierbei spielt häufig ein Vitamin-A-Mangel ursächlich eine Rolle.

Behandlung: Das Auspinseln mit Jodglycerin kann hilfreich sein. Als wirksame Medikamente zum Eingeben stehen Substanzen wie Karnidazol, Dimetridazol oder Ronidazol zur Verfügung.

D. Bandwurmbefall

Vorkommen: Alle insekten- und fleischfressenden Vögel, häufiger bei importierten Beos, Staren und Kakadus.

Ursache: Als Bandwurmarten kommen Anoplocephalidae, Davaineida und Raillietina in Frage. Zur Entwicklung benötigen Bandwürmer in der Regel einen Zwischenwirt; das bedeutet, die mit dem Kot ausgeschiedenen Eier sind für die Vögel selber nicht infektiös. Als Zwischenwirte dienen Schnecken, Regenwürmer, Insekten: sie nehmen die Parasiteneier auf, aus denen sich dann die Finnen entwickeln. Die Finnen gelangen in den Vogel, wenn dieser z. B. Regenwürmer frißt; daraufhin erfolgt im Vogeldarm die Entwicklung der Finne zum Bandwurm. Teile dieses

Bandwurmes können gelegentlich mit dem Kot als platte, weißliche Teilchen ausgeschieden werden, die zu Eigenbewegung fähig sind. Die Größe dieser Bandwurmglieder variiert von einigen Millimetern bis zu mehreren Zentimetern. Auch die Bandwurmeier werden nicht regelmäßig, sondern nur von Zeit zu Zeit ausgeschieden.
Symptome: Bei starkem Bandwurmbefall kommt es zum Absatz von schleimigem, klebrigem Kot, zu Apathie mit Abmagerung sowie Blähungen des Bauches.
Ein Vogel kann jahrelang im Gleichgewicht mit „seinem" Bandwurm leben; erst bei Schwächung des Allgemeinbefindens durch andere Ursachen kommt es zu massenhafter Parasitenvermehrung mit den beschriebenen Symptomen.
Diagnose: Die Diagnose erfolgt durch Nachweis von Eiern oder Bandwurmgliedern im Kot. Eine negative Kotuntersuchung ist kein Beweis für die Freiheit von Bandwürmern, da – wie bereits erwähnt – nicht regelmäßig Bandwurmglieder oder Eier ausgeschieden werden.
Ähnliche Krankheiten: Alle anderen Formen der Darmentzündung.
Behandlung: Wurmmittel (Niclosamid, Praziquantel), über das Futter verabreicht oder eingegeben.

E. Spulwurmbefall

Vorkommen: Besonders in Volieren mit Naturboden gehaltene Sittiche, vor allem Jungtiere, erkranken.
Ursache: Infektion mit Spulwurmeiern (Ascaridia). Erkrankte Tiere scheiden mit dem Kot Parasiteneier aus und verursachen so eine mögliche Infektion von anderen Volierenvögeln. Bei Feuchtigkeit sind die Eier im Boden lange überlebensfähig, während direkte Sonneneinstrahlung und Trockenheit zum Absterben führen.
Symptome: Bei starkem Spulwurmbefall kann es besonders unter den Jungtieren durch Verschluß des Darmes zu plötzlichen Todesfällen kommen (Abb. 20, S. 111). Der Vogelbesitzer erkennt Parasitenbefall in gelegentlichen Durchfällen und Abmagerung. Betrachtet man das Einzeltier, sind geblähte Darmschlingen durch die dünne Haut sicht- und fühlbar! Bei hochgradigen Erkrankungen und während der Therapie können Stoffwechselprodukte, die von den Parasiten freigesetzt werden, zu zentralnervösen Symptomen mit Verdrehen des Kopfes und Lähmungen führen.
Diagnose: Durch eine parasitologische Kotuntersuchung eines Einzeltieres oder einer Sammelkotprobe eines ganzen Bestandes ist die Diagnose zu stellen. Die Eier sind 80–90 μm groß.
Ähnliche Krankheiten: Alle anderen Formen der Darmentzündung.

Behandlung: Eine Therapie ist nur dann sinnvoll, wenn alle Tiere eines Bestandes behandelt werden, die Aufnahme von Kot in dieser Zeit unterbunden und die Therapie nach 3–4 Wochen wiederholt wird, damit auch die im Körper wandernden Larven erfaßt werden.

F. Haarwurmbefall

Vorkommen: Besonders Kanarienvögel und andere Finken, Hühnervögel, Rabenvögel.
Ursache: Die Ansiedlung von Haarwürmern (Capillaria) in Kropf, Speiseröhre und Dünndarm wird durch Vitamin-A-Mangel begünstigt, so daß es nur bei geschwächten Tieren zu Krankheitserscheinungen kommt.
Symptome: Hochgradiger Befall äußert sich in Schluckbeschwerden und Absatz von dünnem, schleimigem Kot. In seltenen Fällen kommt es durch Blutarmut sogar zu Todesfällen.
Diagnose: Parasitologische Kotuntersuchung.
Ähnliche Krankheiten: Spulwurmbefall, Bandwurmbefall.
Behandlung: Wurmmittel zur Verabreichung über das Trinkwasser oder zur Eingabe bei einem Einzeltier. Die Behandlung muß nach 3 Wochen wiederholt werden.

10. Erkrankungen der Leber

Die Leber wird als wichtiges Stoffwechsel- und Entgiftungsorgan bei vielen Krankheiten in Mitleidenschaft gezogen.

A. Leberentzündung (Hepatitis)

Vorkommen: Alle Vogelarten.
Ursache: Zur Hepatitis kommt es entweder durch spezielle Erreger (Viren, Bakterien) oder aber als Folge von Vergiftungen und Stoffwechselstörungen. Bei Farbkanarien kann ein Übermaß an rotem Farbstoff (Kanthaxanthen) im Futter zu einer Leberschwellung führen.
Symptome: Selten bildet sich eine Gelbsucht aus. Häufiger sind Mauserstörungen oder Hautjucken zu beobachten. Ebenso kann es zu Durchfällen mit schlecht verdauten Futterpartikeln kommen. Die harte, geschwollene Leber ist am Übergang vom Brustbein zum Bauchraum deutlich sicht- und fühlbar. Neben diesen chronischen Verlaufsformen können auch ganz akute, plötzliche Krankheitsfälle mit tödlichem Ausgang auftreten.
Diagnose: Die exakte Diagnosestellung am lebenden Tier ist schwierig. Blutuntersuchungen auf Leberwerte sind nur bei einigen Vogelarten möglich, da bislang nur in begrenztem Maße Normalwerte erarbeitet wurden.

Ähnliche Krankheiten: Lebertumor, Leberverfettung, Tuberkulose, Atoxoplasmose.
Behandlung: Bei bakteriell bedingten Leberentzündungen werden Antibiotika verabreicht. Darüber hinaus gibt es keine spezielle Therapie. Unter einer sogenannten „Leberschutztherapie" verstehen wir eine unspezifische Behandlung mit Flüssigkeits- und Vitamin-B-Komplex-Gaben. Dies kann bei chronischer Erkrankung täglich über das Trinkwasser erfolgen oder bei akuten Veränderungen als Infusionstherapie über die Venen oder unter die Haut.

B. Leberverfettung

Vorkommen: Besonders bei Käfighaltung.
Ursache: Leberverfettungen sind vermutlich Folge von Fütterungsfehlern (übermäßiges, einseitiges Futterangebot).
Symptome: Als erste Anzeichen werden häufig Mauserstörungen und allgemeine Fettsucht beobachtet. In fortgeschrittenem Stadium, mit eingeschränkter Funktion der Leber, kommt es durch die Schwellung und die damit verbundene Einengung der Luftsäcke zu Atemnot, verbunden mit der Unfähigkeit zu fliegen.
Diagnose: Bei der Betrachtung des Bauches bemerkt der aufmerksame Besitzer häufig schon die geschwollene Leber, die sich dunkelrot bis gelblich hinter dem Brustbein hervorwölbt. Darüber hinaus kann durch das Tasten in diesem Bereich eine Verhärtung festgestellt werden.
Ähnliche Krankheiten: Lebertumor, Atoxoplasmose, Tuberkulose.
Behandlung: Durch eine Leberschutztherapie (siehe oben), in Verbindung mit Futterumstellung, kann der Versuch einer Heilung unternommen werden. In fortgeschrittenem Stadium allerdings, mit deutlicher Atemnot und eingeschränkter Leberfunktion, sollten die Tiere eingeschläfert werden.

11. Erkrankungen im Bereich der Atmungsorgane

A. Schilddrüsenvergrößerung

Vorkommen: Bei einzeln gehaltenen Wellensittichen, allerdings sehr selten!
Ursache: Durch Jodmangel im Wasser kommt es zu einem überschießenden Wachstum der Schilddrüse. Jod ist Bestandteil des Schilddrüsenhormons; Jodmangel führt direkt zum Hormonmangel. Als Reaktion auf niedrigen Hormonspiegel versucht die Schilddrüse, durch Zubildung von Gewebe die Hormonproduktion zu erhöhen – erfolglos, wenn nicht der Jodmangel behoben wird.

Symptome: Die Schilddrüsen liegen rechts und links der Luftröhre innerhalb des Brusteinganges und sind selbst bei Vergrößerung von außen nicht zu fühlen und zu sehen (anders als beim „Kropf'' des Menschen).
Durch Druck auf die Luftröhre kommt es zu deutlichen, piependen, knackenden Atemgeräuschen, die bei Belastung verstärkt zu hören sind. Ein Ersticken ist möglich.
Behandlung: Regelmäßige Verabreichung von Jod (einen Tropfen Lugolsche Lösung auf 30 ml Trinkwasser) über das Trinkwasser oder Gabe von einem Tropfen Jodtinktur täglich auf die Flügelunterhaut.

B. Schnupfen

Vorkommen: Alle Vogelarten.
Ursache: Zugluft, Fremdkörper, bakterielle Infektionen (Staphylokokken, Streptokokken, Pseudomonas, Escherichia coli), Virusinfektionen, Pilzinfektionen; Vitamin-A-Mangel, zu trockene Luft; bei Finkenvögeln auch Pocken.
Symptome: Die Vögel niesen vermehrt und scheuern die Nase an den Stangen. Flüssiger, glasklarer oder eitriger Schleim entleert sich aus einem oder beiden Nasenlöchern. Unterschiedliche Grade von Atemnot können bestehen. Häufig ist Schnupfen mit einer Entzündung der Augenlider vergesellschaftet. Er muß in jedem Fall ernstgenommen werden!
Diagnose: Bei Schnupfen muß unbedingt ein Tierarzt aufgesucht werden, schon um die Möglichkeit einer eventuellen infektiösen Ursache (z. B. Papageienkrankheit) abklären zu können.
Behandlung: Die verklebten Nasenlöcher können zunächst mit Kamillenkompressen frei gehalten werden. Dampfbäder mit Kamillenblüten (siehe Seite 50) können zum Lösen des Schleimes beitragen. Bestrahlung mit Rotlicht verbessert das Allgemeinbefinden und fördert so die Heilung. Werden Bakterien als Ursache erkannt, werden diese mit einem Antibiotikum bekämpft. Vitamin A sollte in ausreichenden Mengen zur Verfügung stehen, um die Abwehrkräfte der Schleimhäute gegen krankmachende Substanzen zu erhöhen. Eventuell können Nasentropfen auf die Nasenlöcher getropft werden, sie wirken sowohl abschwellend, als auch schleimlösend und keimtötend.

C. Lungenentzündung (Pneumonie)

Vorkommen: Alle Vogelarten.
Ursache: Im Verlauf zahlreicher Infektionskrankheiten kann es zu Entzündungen in der Lunge kommen. Auch können giftige Gase, Parasiten

oder falsch eingegebene Medikamente zu Veränderungen in der Lunge führen, aus denen sich eine Lungenentzündung entwickeln kann.
Symptome: Die Symptome sind sehr unspezifisch. Die Vögel sitzen aufgeplustert, fressen nicht so viel wie sonst üblich und zeigen Atemnot. Am besten ist diese Atemnot zu erkennen, wenn der Vogel auf seiner Stange sitzend von der Seite angesehen wird: Der Schwanz wippt bei jedem Atemzug mit! Einige Vögel öffnen auch den Schnabel beim Atmen oder blasen mit den Backen. Die Vögel fliegen nicht mehr.
Diagnose: Röntgenaufnahme.
Ähnliche Krankheiten: Pilzinfektion der Lunge, Luftsackmilben.
Behandlung: Ohne Behandlung kommt es in relativ kurzer Zeit zum Tod des Tieres. Daher ist eine intensive Behandlung durch den Tierarzt notwendig.
Unterstützt werden kann die Therapie durch den Tierbesitzer mittels Rotlichtbestrahlung. Hierbei ist zu bedenken, daß der Vogel, wenn es ihm zu warm wird, aufgrund des Mangels an Schweißdrüsen Körperwärme durch schnellere Atmung abgibt und es so zu einer zusätzlichen Belastung für den Kranken durch zu hohe Temperatur (über 38 Grad) kommen könnte. Darüber hinaus muß der Vogel die Möglichkeit haben, dem Rotlicht auszuweichen (siehe Seite 49).
Gründliche Lüftung und Frischluftzufuhr (aber Zugluft vermeiden), Vitamin-A-reiche Ernährung und Dampfbäder mit Kamille können hilfreich sein (siehe Seite 50).

D. Schimmelpilzbefall der Lunge (Aspergillose)

Vorkommen: Papageien, besonders Graupapageien, Sittiche, Beos.
Ursache: Schimmelpilze (Aspergillus fumigatus, A. flavus, A. niger), mit dem Futter oder der Atemluft aufgenommen, führen bei Abwehrschwäche, Vitamin-A-Mangel usw. zum Wachstum von Pilzrasen und -knoten in Lunge und Luftsäcken. Vorsicht bei der Verfütterung von Erdnüssen, sie sind häufig mit Schimmelpilzen besetzt! Daher, wenn möglich, in der Fütterung ganz auf Erdnüsse verzichten! Eine direkte Übertragung von Vogel zu Vogel ist nicht möglich.
Auch kann sich ein Mensch nicht direkt vom Vogel, wohl aber durch die gleichen Infektionsquellen anstecken!
Symptome: Die Krankheitssymptome sind vielgestaltig und nicht eindeutig. Ein seit mehreren Jahren in der Familie gehaltener Graupapagei kann plötzlich anfallsweise Atemnot und Durchfall bekommen. Ebenso kann sich vermehrtes Gähnen oder eine Kropfentzündung mit Atemstörungen oder Schnupfen bemerkbar machen.
Plötzliche Todesfälle sind möglich.

Diagnose: Auf einem Röntgenbild können Verschattungen der Luftsäcke oder Pilzknoten in den Lungen und Luftsäcken (sogenannte Aspergillome) sichtbar werden. Auch kann durch eine Endoskopie (siehe S. 46) eine Aspergillose erkannt werden. Der Besitzer kann anhand der Symptome nur eine Verdachtsdiagnose stellen. Abstriche aus dem Kropf werden immer eine gewisse Anzahl von Schimmelpilzen zum Vorschein bringen, so daß hierdurch keine Diagnose auf Aspergillose zu stellen ist.
Ähnliche Krankheiten: Tumoren, Entzündungen bakterieller Ursache.
Behandlung: Die Therapie ist nicht leicht durchzuführen und muß in jedem Fall von Maßnahmen zur Förderung des Allgemeinbefindens des Vogels begleitet werden. Täglich bekommt der Vogel ein pilzwirksames Mittel (Antimykotikum) mit dem Weichfutter oder direkt in den Schnabel eingegeben (mindestens 4 Wochen). Zusätzlich wird Vitamin A über das Trinkwasser verabreicht und vermehrt Eiweiß über das Futter angeboten.

E. Befall mit Luftsackmilben

Vorkommen: Gouldsamadinen, Kanarienvögel, Finken und Prachtfinken, selten Sittiche.
Ursache: Die Luftsackmilbe (Sternostoma tracheacolum) ist 0,7 mm lang und lebt in der Luftröhre und den Luftsäcken von Vögeln. Die Übertragung erfolgt durch das Schnäbeln von Tier zu Tier oder durch infiziertes Trinkwasser. Die Milben sind nur in feuchtem Milieu lebensfähig, so daß während der Therapie die Trinkgefäße besonders gereinigt und getrocknet werden müssen.
Zwischen dem Aufnehmen der Milben und klinischen Krankheitssymptomen können Monate liegen.
Symptome: Erstes Anzeichen ist oft das Einstellen des Gesanges der männlichen Tiere. Die Vögel zeigen Atemstörungen mit Schwanzwippen, und bei besonderer Belastung werden knackende Atemgeräusche hörbar. Gelegentlich kommt es zum Schleudern des Kopfes und Würgen.
Diagnose: Am lebenden Tier können die Milben bei Durchleuchtung der Luftröhre im Halsbereich gesehen werden. Dazu wird das Gefieder am Hals angefeuchtet und gescheitelt, der Kopf gestreckt und vor eine starke Lichtquelle gehalten. Bei befallenen Vögeln sieht man jetzt die kleinen, schwarzen Punkte durch die Luftröhre hindurchschimmern. Diese Prozedur ist für den Vogel sehr anstrengend und sollte nur durchgeführt werden, wenn die Atemstörungen noch nicht hochgradig sind.
Beim toten Tier findet man in der Sektion die Milben in der Luftröhre, der Lunge und den Luftsackwänden.
Behandlung: Die Behandlung sollte sich immer auf den ganzen Bestand erstrecken und vom Tierarzt angeordnet werden. Das verordnete Insekti-

zid (Trichlorphon-(Neguvon)-1,2, Propylenglykol-Lösung) wird jedem Vogel in exakter Dosierung auf den Rücken zwischen den Schulterblättern aufgetropft. Schon nach 24 Stunden wird hierdurch eine deutliche Besserung erreicht. Die Behandlung muß dreimal am 1., 5. und 9. Behandlungstag durchgeführt werden.
Während der Behandlung sollte das Trinkwassergefäß mehrmals gereinigt und anschließend getrocknet werden, um einer erneuten Infektion mit Milben vorzubeugen.
Das von Züchtern sehr beliebte Aufhängen von „Insekten-Strips" in den Volieren trägt nur zur Verschleierung der klinischen Erscheinungen bei. Lediglich die in der Luftröhre befindlichen Milben werden abgetötet. Nach Kauf eines Vogels aus solch einem Bestand werden nach einigen Wochen durch Vermehrung der noch vorhandenen Milben Atemstörungen auftreten.

F. Luftröhrenwurmbefall

Vorkommen: Finkenvögel, Sperlingsvögel und Rabenvögel, die in Volieren mit Naturboden gehalten werden.
Ursache: Der Luftröhrenwurm (Syngamus tracheae) ist ein leuchtend roter Rundwurm, der bei allen Vogelarten gleich groß auftritt; das Weibchen ist bis zu 20 mm, das Männchen bis zu 6 mm groß. Hierdurch bedingt, leiden kleine Vögel viel stärker unter einem Befall als große. Die Luftröhrenwürmer sitzen in den Bronchen und der Luftröhre und ernähren sich vom Blut ihres Wirtes. Die Eier des Wurmes werden hochgehustet, abgeschluckt und gelangen dann mit dem Kot in die Außenwelt. Infektionen treten besonders im Sommer auf.
Symptome: Bei hochgradigem Befall kommt es zu Atemnot mit Streckung des Halses und weit geöffnetem Schnabel. Keuchende, rasselnde Atemgeräusche sind zu hören.
Diagnose: Die Diagnose wird durch Untersuchung einer Kotprobe auf Wurmeier gestellt. Die Eier sind 80–100 μm lang.
Behandlung: Der Tierarzt verordnet nach positivem Befund ein Medikament gegen Endoparasiten.

G. Kanarienpocken (Schnappkrankheit, Diphtherie)

Vorkommen: Besonders Kanarienvögel, aber auch Wachteln und Agaporniden.
Ursache: Pockenvirus. Dieses Virus ist wirtsspezifisch, das heißt, es kann nur bei einer Vogelart oder sehr nahen Verwandten zur Pockenerkrankung führen. Die Ansteckung erfolgt auf Ausstellungen, nach Zukauf infizierter Tiere durch Tröpfcheninfektion, also direkt von Tier zu Tier, durch infizierte Futter- und Trinknäpfe, durch Menschen, die vorher

infizierte Tiere angefaßt haben, oder durch infizierte Insekten. Die Zeit von der Ansteckung bis zum Ausbruch der Krankheit beträgt 3–16 Tage. Bei jedem Zukauf sollte daher eine Quarantänezeit eingehalten werden!

Symptome:

1) perakute Form; darunter versteht man eine sehr schnell verlaufende Erkrankung, so daß die Vögel – für den Besitzer häufig symptomlos – sterben.

2 a) Diphtheroide Form oder Schleimhautform; hierbei sind die Schleimhäute der Schnabelhöhle gerötet und mit gelblichen Auflagerungen behaftet.

2 b) Lungenform; hierbei kommt es zu Atemstörungen, daher die Bezeichnung „Schnappkrankheit".

3) Hautform; diese chronisch verlaufende Erscheinungsform äußert sich besonders durch Auflagerungen am Augenlid, am Schnabelwinkel, auf der Flügelspannhaut und an den Beinen, aber auch am ganzen Körper. Es bilden sich Bläschen, die platzen, anschließend verschorfen und teilweise sogar tumorartig wuchern.

Alle diese Formen können in einem Bestand nebeneinander auftreten.

Diagnose: Die Diagnose wird anhand der klinischen Symptome gestellt. Im Anschluß an eine Sektion kann das Virus in Organproben nachgewiesen werden.

Ähnliche Krankheiten: Bakteriell bedingte Lungenentzündung.

Behandlung: Schwer erkrankte Tiere sollten eingeschläfert werden. Die übrigen werden antibiotisch versorgt, um Bakterien zu unterdrücken, die die geschwächten Schleimhäute besiedeln. Zum Schutz der Schleimhäute sollte Vitamin A (Schleimhautschutzvitamin) gegeben werden. Nach Überstehen der Pocken bildet sich eine belastbare Immunität aus. Vorbeugend sollte in gefährdeten Beständen im Juni/Juli, mindestens aber 2 Wochen vor einer Ausstellung, mit abgeschwächtem Lebendimpfstoff geimpft werden. Zur Zeit ist in Deutschland nur ein Impfstoff erhältlich, der durch die Flügelstichmethode (Wing-wep-Methode) geimpft werden muß.

H. Tuberkulose

Vorkommen: Alle Vogelarten.

Ursache: Infektion mit Bakterien (Mycobacterium avium). Der Erreger wird mit dem Kot erkrankter Tiere ausgeschieden und bleibt im Boden lange Zeit ansteckungsfähig. Tuberkulose ist nicht nur als Lungenkrankheit bekannt, auch in anderen Organen, z. B. in der Leber, Milz, Knochenmark oder der Darmwand, kann sich das Tuberkelbakterium ansiedeln.

Symptome: Die Vögel sind chronisch krank, sitzen apathisch herum und magern ab. Der Bauch ist geschwollen; es kann Atemnot bestehen.
Der Mensch kann sich durch Einatmung von mit Mycobacterium durchsetzten Kotpartikeln (Staub) anstecken. Dies ist zwar nur für hochgradig in ihrer Abwehr geschwächte Personen gefährlich, verläuft dann allerdings außerordentlich bösartig und ist nur schwer auszuheilen.
Hiermit nicht verwechselt werden darf die sog. „Vogelzüchterlunge" (Alveolitis), die auf einer Allergie gegen Vogelkot und Federstaub beruht und keine Infektionskrankheit ist.
Diagnose: Durch Befühlen des Bauchraumes kann die geschwollene, harte, eventuell knotig veränderte Leber festgestellt werden. Auf einer Röntgenaufnahme sind die dicke Leber, eine eventuelle Milzschwellung und eine Erweiterung des Darmes darstellbar. Zur sicheren Diagnosestellung kann eine sogenannte Tuberkulinprobe durchgeführt werden. Der Tierarzt spritzt 0,1 ml Geflügeltuberkulin in die Haut des Vogels und untersucht nach 24 Stunden die Reaktion. Diese stellt sich bei Vorliegen einer Infektion in Form einer quaddelartigen, umschriebenen Schwellung im Bereich der jeweiligen Einstichstelle dar.
Bei der Sektion eines Vogels, der an Tuberkulose gestorben ist, findet man weiße Pünktchen auf Leber und Milz; dieses sind Herde, in denen sich Erreger eingenistet und um die herum sich Organgewebe verändert hat.
Behandlung: Die Behandlung tuberkulöser Vögel ist zwecklos, die betroffenen Tiere werden eingeschläfert. Dieses Vorgehen ist besonders auch im Hinblick auf eine weitere Ausbreitung der Infektionskrankheit und zur Vermeidung einer Gefährdung des Menschen nötig.
Zur Vorbeugung einer neuen Infektion sollte etwa 1 Jahr auf die Vogelhaltung in den betroffenen Volieren verzichtet werden!

I. Papageienkrankheit (Psittakose)

Vorkommen: Alle Papageienvögel (meist Jungtiere); bei anderen Vogelarten nennt man diese Infektionskrankheit „Ornithose".
Es werden in der Bundesrepublik Deutschland pro Jahr zwischen 350 und 500 Psittakosefälle erfaßt.
Ursache: Der Erreger, Chlamydia psittaci, ist weder Virus noch Bakterium. Die Ansteckung erfolgt durch Einatmung von verseuchtem Staub (Kot)! Von der Ansteckung bis zum Ausbruch der Krankheit können 100 Tage und mehr vergehen. Eine geschwächte Abwehrlage des Vogels begünstigt den Ausbruch der Erkrankung.
Achtung: Die Papageienkrankheit ist **anzeigepflichtig!** Bereits bei bestehendem Verdacht hat die Anzeige durch den Vogelbesitzer oder

den Tierarzt beim zuständigen Veterinäramt zu erfolgen. Der Amtstierarzt wird alle weiteren Schritte einleiten und selbst oder in Zusammenarbeit mit dem behandelnden Tierarzt den Bestand betreuen.
Als Vorbeugemaßnahmen gegen die Psittakose müssen nach der „Verordnung zum Schutz gegen die Psittakose und Ornithose" (18. 6. 1975, BGBl. 1. S. 1429) alle in die Bundesrepublik Deutschland eingeführten Papageien einer amtlich durchgeführten Quarantäne (45tägig, für Wellensittiche 30 Tage) unterzogen werden. Nach Durchlauf der Quarantäne bekommen die Vögel einen amtlichen Ring (siehe Kennzeichnung, S. 114).
Symptome: Eine eindeutige klinische Symptomatik für diese Erkrankung gibt es nicht. Das Erscheinungsbild reicht von ganz akuten Todesfällen bis hin zu chronischen Atemwegserkrankungen. Der Beginn einer Erkrankung äußert sich meist in einer Entzündung der Bindehäute des Auges, Schnupfen, Niesen und Atembeschwerden. Manchmal besteht grünlicher Durchfall. Normalerweise sterben die Vögel nach einer Krankheitsdauer von 2–10 Wochen.
Der Mensch infiziert sich hauptsächlich durch Einatmung von infiziertem Staub oder Kot. Die Ansteckung kann noch ein halbes Jahr nach Zukauf eines Vogels erfolgen. Es kommt zu grippeähnlichen Erscheinungen mit wechselnden Fieberschüben und Schmerzen beim Einatmen, auch Kopfschmerzen werden beschrieben. Die Diagnose wird vom behandelnden Arzt durch Untersuchung einer Blutprobe auf Antikörper gegen den Erreger gestellt. Wird die Psittakose nicht erkannt und behandelt, kann sie tödlich verlaufen.
Diagnose: Die Diagnose beim lebenden Vogel kann durch Chlamydiennachweis im frischen Kot gestellt werden. Hierzu wird eine Kotprobe an das für das jeweilige Bundesland zuständige Veterinäruntersuchungsamt geschickt (diese Methode ist nur bei positivem Verlauf beweiskräftig). Ein Verdacht kann durch eine Röntgenaufnahme erhärtet werden, wenn auf der Aufnahme eine Leber- und Milzschwellung sichtbar ist.
In der Sektion gibt es typische Bilder mit geschwollener, weißlicher Milz. Durch ein sogenanntes Abklatschpräparat (man drückt ein Gewebestück auf einen mikroskopischen Objektträger und untersucht diesen Abdruck anschließend auf die möglichen Erreger) können die Chlamydien in Leber und Milz eines toten Tieres nachgewiesen werden. Auch die Anzüchtung der Chlamydien auf Zellkulturen ist möglich.
Behandlung: In der Psittakose-Verordnung des Viehseuchengesetzes sind Anweisungen zur Behandlung enthalten (S. 120). Bei einem nachgewiesenen Fall von Psittakose wird die Therapie (Gabe von mit Chlortetracyclinen durchmischtem Futter) oder in Ausnahmefällen die Tötung des Bestandes durch den Amtstierarzt angeordnet und kontrolliert.

12. Herz- und Kreislauferkrankungen

Vorkommen: Alle Vogelarten, aber selten.
Ursache: Eigenständige Herzerkrankungen sind selten; viel häufiger kommt es in Zusammenhang mit einer Lungenentzündung, einer generalisierten Infektion oder durch Eingeweidegicht zu Veränderungen am Herzen.
Plötzliches Herzversagen kommt bei älteren, sehr gut ernährten Papageien nach plötzlichen Streßsituationen vor.
Symptome: Häufig sitzen die Vögel nur apathisch herum und schlafen viel. In seltenen Fällen kommt es zu Atemnot und Kreislaufstörungen mit unkoordinierten Bewegungen.
Arteriosklerose führt häufig zu Wachstumsstörungen und Bepicken der Flügelfedern, wahrscheinlich hervorgerufen durch Minderdurchblutung.
Diagnose: Die Diagnose ist am lebenden Tier schwierig zu stellen. Beim Vorliegen eines Herzbasistumores, einer Herzvergrößerung durch Lungenentzündung oder Arteriosklerose kann eine Röntgenaufnahme helfen. Funktionsstörungen des Herzens sind durch ein EKG festzustellen (bislang nur in Spezialkliniken möglich).
Behandlung: Eine Heilung ist häufig nicht möglich, zumal es bislang kaum Untersuchungen zu diesem Thema beim Vogel gibt. Unterstützend für den Kreislauf und vorbeugend vor Aufregung kann statt Wasser schwarzer Tee angeboten werden.

13. Erkrankungen der Harn- und Geschlechtsorgane

A. Entzündung der Niere (Nephritis)

Vorkommen: Alle Vogelarten.
Ursache: Die häufigsten Ursachen sind Fehler in der Ernährung. Sowohl zu stark gesalzenes Futter (Salzstangen für den Papagei als „Betthupferl"), aber auch zuviel Fett und Eiweiß in der Futterration. Ebenso spielt eine Störung in der Trinkwasseraufnahme eine Rolle (ständige Verabreichung von bitteren Zusätzen wie Medikamente oder Vitamine führt oft zu weitgehender Einstellung der Trinkwasseraufnahme). Zahlreiche Infektionskrankheiten und Vergiftungen führen zu Nierenschäden. Wie auch beim Menschen kann eine langandauernde Verwendung bestimmter Arzneimittel die Nieren schädigen. Bei Heimvögeln kommt dies häufig bei übertriebener, zu hoch dosierter Eingabe von Sulfonamiden oder Furazolidon bei gleichzeitig reduzierter Trinkwasseraufnahme vor.
Symptome: Die Vögel haben viel Durst, trinken daher vermehrt und sitzen breitbeinig auf der Stange. Der Harnanteil an den Ausscheidungen

ist nicht mehr geformt, sondern wässerig. Wird der Käfig mit Küchenpapier ausgelegt, kann man beobachten, wie weitläufig die Kleckse sich ausbreiten und in einigen Fällen ist der äußere Rand leicht rötlich gefärbt (Blut). Der zentrale Kotklecks kann unverändert sein.
Das Krankheitsbild verläuft chronisch über Wochen und Monate.
Diagnose: Der Verdacht einer Nierenveränderung ist schon aufgrund von Menge und Konsistenz der Urin-Ausscheidungen zu stellen. Des weiteren ist eine röntgenologische Untersuchung der Niere möglich, um eventuelle Tumoren oder Gichtablagerungen sehen zu können. Durch Labormethoden kann der Harnsäurespiegel des Blutes festgestellt und eine Aussage über die Funktion der Niere getroffen werden.
Ähnliche Krankheiten: Nierentumor.
Behandlung: Eine Heilung ist nur in seltenen Fällen möglich. Es muß unbedingt für ausreichende Trinkwasseraufnahme gesorgt werden. Zusatz von Traubenzucker oder Honig (1 Eßlöffel auf 1 Liter Trinkwasser) verbessert den Geschmack und kann deshalb eine vermehrte Wasseraufnahme bewirken. Rotlichtbestrahlung wirkt sich positiv auf das Wohlbefinden des Patienten aus.

B. Gicht

Vorkommen: Alle Vogelarten, besonders Wellensittich.
Ursache: Mit der Nahrung aufgenommene Eiweiße werden im Vogelkörper, anders als beim Säugetier, nicht zu Harnstoff (Urin), sondern zu Harnsäure abgebaut und über die Niere ausgeschieden. Bei Störungen der Nierenfunktion oder des Wasserhaushaltes gelingt die Entfernung

Abb. 21: Hochgradige Gelenkgicht mit Gichtknoten bei einem Wellensittich.

der Harnsäure aus dem Blut nicht; über den Blutstrom wird sie ständig in zunehmender Menge durch den Körper transportiert und lagert sich bevorzugt in den Geweben der Gelenke und Eingeweide ab.
Symptome: Bei der sogenannten Gelenkgicht (häufigste Form) hat sich die Harnsäure als gelbliche Knoten in den Gelenken abgesetzt (siehe Abb. 21, S. 98). Die Gelenke sind angeschwollen, vermehrt warm und schmerzhaft. Die Vögel sind nicht mehr in der Lage, sich normal auf den Stangen zu halten, geschweige denn, diese mit den Zehen zu umgreifen. Bei Eingeweidegicht sind Harnsäurekristalle im Gewebe der Niere, der Leber oder des Herzbeutels eingelagert.
Bei beiden Formen, sowohl bei Gelenk- wie bei Eingeweidegicht, kann es zu Durchfall kommen.
Diagnose: Die Diagnose ist häufig schon durch die sichtbaren Veränderungen an den Gelenken zu stellen. Bei Eingeweidegicht ist man auf eine Röntgenaufnahme oder eine Blutuntersuchung auf Harnsäure angewiesen.
Behandlung: Trinkwasser muß in ausreichender Menge zur Verfügung stehen. Der Eiweiß- und Fettanteil in der Futterration sollte reduziert werden. Die Wirkung von Harnsäure-senkenden Mitteln ist in der Vogelpraxis noch umstritten. In den meisten Fällen wird ein gichtkranker Vogel eingeschläfert werden müssen.

C. Nierentumor

Vorkommen: Nierentumoren kommen besonders häufig beim Wellensittich im Alter zwischen zwei und sechs Jahren vor.
Ursache: Die Ursache dieser Tumoren ist bis jetzt ungeklärt.
Symptome: Dem Tierbesitzer fällt oft als erstes Symptom auf, daß der Vogel in der Gardine oder ähnlichem hängengeblieben ist, Lahmheit eines Beines zeigt und eventuell Durchfall hat. Bei der Untersuchung wird eine Umfangsvermehrung im Bauchraum bemerkt. Da die Nieren des Vogels in unmittelbarer Nähe der Beinnerven hoch unterhalb der Wirbelsäule liegen, kommt es bei Umfangsvermehrungen der Nieren, aber auch der Hoden oder Eierstöcke zu Quetschungen der Nerven mit anschließender Funktionseinbuße mit der Folge einer Lähmung eines oder beider Beine.
Der Vogel sitzt gekrümmt, mit hängenden Flügeln auf der Stange und hält ein Bein schlaff auf der Sitzstange oder zum Schwanz hin gestreckt, ohne sich mit den Krallen festhalten zu können (Abb. 22, S. 112). Es gibt aber auch Fälle von Nierentumoren, die ohne Lähmung eines Beines verlaufen.

Die Schnabelwachshaut des Wellensittichs färbt sich in der Zeit des Tumorwachstums häufig um, von blau nach rostbraun oder umgekehrt, so daß der Besitzer auch auf dieses Symptom achten sollte.
Diagnose: Röntgenbild, Palpation des Bauchraumes.
Ähnliche Krankheiten: Andere Tumoren von Bauchorganen, die auf den Beinnerv drücken; Vitamin-B-Mangel; Nervenentzündung; Quetschung des Beinnervs nach Unfall.
Behandlung: Eine Behandlung ist nicht möglich, der Vogel sollte zum richtigen Zeitpunkt (wenn er keinen Anteil mehr an der Umgebung nimmt, abmagert ist und von der Stange fällt) eingeschläfert werden.

D. Hodentumor

Vorkommen: Besonders beim Wellensittich im Alter zwischen 2 und 6 Jahren.
Ursache: Nicht bekannt.
Symptome: Ein erstes Anzeichen kann die Umfärbung der Wachshaut sein. Der Vogel ist teilnahmslos, sitzt aufgeplustert da, bei näherer Betrachtung fällt eine Umfangsvermehrung des Bauches auf. Siehe auch Abb. 22, S. 112, Lähmung eines Beines.
Diagnose: Röntgenaufnahme.
Ähnliche Krankheiten: Andere Tumoren des Bauchraumes.
Behandlung: Eine Behandlung ist nicht möglich, der Vogel sollte eingeschläfert werden, wenn Atemnot eintritt und der Vogel sichtbar leidet.

E. Legenot

Vorkommen: Alle Vogelarten.
Ursache: Fütterungsfehler durch zu fetthaltige und mineralstoffarme Rationen, hormonelle Störungen, Erkrankungen der Geschlechtsorgane, äußere Faktoren wie Kälte oder Überbesatz (Streß) sind mögliche Ursachen.
Symptome: Vögel können auch dann an Legenot erkranken, wenn sie schon mehrmals erfolgreich gebrütet haben! Ebenso kann ein alleingehaltenes Weibchen plötzlich ein unbefruchtetes Ei legen (selbst dann, wenn der Besitzer seinen Vogel immer als „Peter" angesprochen hat). Vögel mit Legenot verhalten sich sehr unruhig und picken ständig im Kloakenbereich. In den meisten Fällen verändern sich die Kotausscheidungen, sie werden größer und eventuell blutig oder bleiben ganz aus. Die Haltung des Vogels verändert sich, er läßt die Flügel hängen und wirkt ähnlich wie der in Abbildung 8B, S. 41, gezeichnete.

Diagnose: Die Diagnose kann unter Umständen schon durch Befühlen der Bauchregion gestellt werden. Liegt das Ei noch sehr tief im Bauchraum und hat es noch eine weiche Schale, ist eine Röntgenaufnahme notwendig.
Ähnliche Krankheiten: Vorfall der Kloake, Entzündung des Legedarmes.
Behandlung: Der Tierarzt versucht das Ei mit Hilfe von Schleim und durch vorsichtigen Fingerdruck auf den Vogelbauch langsam bis zur Kloakenöffnung zu befördern. Gelingt dies nicht, muß das Ei durch eine Operation aus dem Legedarm herausgeschnitten werden. Auch beim Vogel kann man also einen ,,Kaiserschnitt'' durchführen.
Der Vogelbesitzer muß unbedingt den Sand aus dem Bauer entfernen, um einer eventuellen Verschmutzung der sich zur Eiablage ausstülpenden Kloake vorzubeugen.

F. Legezwang

Vorkommen: Alle in Menschenhand gehaltenen Vögel.
Ursache: Wenn ein alleinlebendes Weibchen Eier legt, so mag der Vogelbesitzer den Wunsch haben, seinem Vogel die ,,Pflichten'' der Brutpflege zu ersparen, da ein Brüten auf unbefruchteten Eiern ja sowieso nutzlos ist. Nimmt man aber sofort jedes gelegte Ei aus dem Nest, wird der Vogel zwanghaft versuchen ,,nachzulegen'', um – seiner Natur gehorchend – ein vollständiges Gelege zustande zu bringen. Diese Art des ,,Legezwanges'' ist keine Krankheit, sondern deutet nur auf das instinktive Bemühen um eine Sicherung des Nachwuchses hin. Wiederholtes Entfernen des Geleges kann aber zu Erkrankungen führen, weil durch die häufige Ei-Ablage die Kraftreserven, auch die Mineralstoffdepots, des Vogels über ein erträgliches Maß hinaus belastet werden. Man läßt also am besten den Vogel auch auf einem unbefruchteten Gelege brüten, nach Ablauf der normalen Brutdauer wird er merken, daß nichts aus den Eiern schlüpft und das Nest wieder verlassen. Häufig genügt auch schon die Entfernung des Nestes, um dem Bruttrieb den erforderlichen Schlüsselreiz zu nehmen.
Behandlung: Legt ein Vogel trotz Entfernung der Bruthöhle bzw. des Nestes dennoch weiter, kann durch eine Hormoninjektion das Eierlegen unterbrochen werden.

14. Erkrankungen des Skelett- und Muskelsystems

A. Erfrierungen

Vorkommen: In Freivolieren gehaltene Vögel.
Ursache: In Freivolieren ohne frostfreien Aufenthaltsraum kann es im Winter, besonders wenn die Tiere nach dem Baden an die Metallgitterstäbe springen, zu Erfrierungen der Zehen kommen.
Symptome: Zehen oder ganze Beine werden nach vorübergehender Anschwellung und Rötung von den Zehenspitzen her gefühllos, kalt, unbeweglich, sterben langsam ab, werden hart und schwarz.
Behandlung: Vögel mit Erfrierungen sollten in einem frostfreien Raum einzeln gehalten werden; so wird das Bepicken durch Artgenossen verhindert. Die erfrorenen Stellen werden mit Frostsalbe, Vaseline oder Vitamin-A-Salbe eingefettet und eventuell verbunden, um eine Verletzung durch den Vogel selbst zu verhindern. Die abgestorbenen Teile werden nach einiger Zeit durch Abwehrprozesse des Vogels selber abgestoßen. Tritt diese „Selbstheilung" nicht ein, müssen die abgestorbenen Teile vom Tierarzt amputiert werden. Wichtig ist eine begleitende Behandlung mit Antibiotika.

B. Verbrennungen

Vorkommen: Besonders bei Vögeln, die in der Küche umherfliegen dürfen.
Ursache: Am häufigsten kommt es zu Verbrennungen bei ungeeigneten, gefährlichen Landeplätzen: heiße Herdplatten oder Gasflammen; aber auch beim Sturz in das Abwaschwasser oder gar in den Suppentopf!
Symptome: Verschiedene Verbrennungsgrade gehen mit unterschiedlich schweren Symptomen einher. Diese reichen von lediglich leichten Rötungen und Schwellungen der Haut über mehr oder weniger großflächige Hautverluste bis hin zum Tod.
Behandlung: Die verbrannten Körperteile sollten sofort unter fließendem kaltem Wasser gekühlt werden. Je nach Schwere und Ausdehnung der Verbrennungen muß gegebenenfalls ein Tierarzt aufgesucht werden, der durch Infusionen den Flüssigkeitsverlust auffüllen und einer eventuellen Schockgefahr vorbeugen kann. Auf die Brandwunden kann antibiotische Salbe, wenn möglich mit Vitamin-A-Zusatz, aufgetragen werden.

C. Sohlengeschwür (Bumble foot)

Vorkommen: Alle Vogelarten.
Ursache: Als Ursache gelten zu harte (Buchenholz), glatte und gleichförmige Sitzstangen (Plastik, mit Schmirgelpapier überzogen). Der gleich-

mäßige Durchmesser von 12 mm belastet das Fußwurzelgelenk der Vögel immer an der gleichen Stelle. Ebenso spielt zu wenig Bewegung, zu „gute" Fütterung und dadurch bedingt zu hohes Körpergewicht eine Rolle bei der Entstehung von Sohlengeschwüren.
Symptome: Die Vögel äußern deutliche Schmerzen, indem sie von einem auf das andere Bein trippeln. Bei einseitigen Veränderungen wird der kranke Fuß geschont. Besieht man sich die Unterseite der Füße, fällt eine deutliche Rötung, Schwellung, vermehrte Wärme und eine zwiebelschalenförmige Umfangsvermehrung im Bereich des Mittelfußwurzelgelenkes auf.
Ähnliche Krankheiten: Gicht, Nierentumor, eingewachsener Ring, Tuberkulose.
Behandlung: Bei beginnenden Veränderungen sollten die harten Stangen gegen Äste mit Rinde ausgetauscht werden. Am besten ist es, wenn vorbeugend stets nur Naturäste verwendet werden (siehe Seite 26)!
Ist es zu Sohlengeschwüren gekommen, können Bäder mit Grüner Seife und anschließende Massage mit Vaseline oder Fett helfen. Ebenso sollte der Vogel genügend Gelegenheit zum Fliegen erhalten. Zu dicke Vögel müssen abspecken.
Sind die Veränderungen schon sehr deutlich, muß der Tierarzt mit Salbenverbänden und antibiotischer Versorgung helfen. In hochgradigen Fällen kann eine chirurgische Entfernung der Geschwüre notwendig werden. Hieran anschließend werden eine ganze Zeit Polsterverbände angelegt, um die Wunde zu schützen und neuen Druckstellen vorzubeugen.

D. Krallendeformationen

Vorkommen: Alle Vogelarten.
Ursache: Nach alten Verletzungen mit Fehlstellungen der Zehen kommt es zu geringerer Abnutzung und dadurch bedingten Verformungen der Krallen.
Behandlung: Nicht abgenutzte und veränderte Krallen müssen regelmäßig geschnitten werden, um ein eventuelles Hängenbleiben und weitere Verletzungen zu verhindern. Zur Durchführung siehe Pflegemaßnahmen, Seite 37.

E. Angeschwollene Zehen

Vorkommen: Insektenfresser.
Ursache: Ausschließliche Mehlwurmfütterung führt durch Mangel an Vitamin A, D sowie Kalzium und Phosphor zu Zehenveränderungen.

Ähnliche Krankheiten: Milbenbefall, Abschnürungen durch Plastikfäden oder sonstige Fremdkörper, Sohlengeschwür.
Behandlung: Umstellung der Fütterung bei gleichzeitiger Gabe von Mineralstoffen zum Futter. Nach dem Absetzen der alleinigen Mehlwurmfütterung bzw. nach Bestäuben der Mehlwürmer mit einer Vitamin-Mineralstoff-Mischung heilen die Fußerkrankungen ohne medikamentelle Behandlung ab. Bei hochgradigen Veränderungen können die Füße in Kamillentee gebadet und anschließend mit Vitamin-A-Salbe eingerieben werden.

F. Eingewachsener Ring

Vorkommen: Alle beringten Vögel.
Ursache: Gefährdet sind ganz besonders größere Papageien, da diese einen kurzen Mittelfußknochen haben und mit ihrem kräftigen Schnabel Verbiegungen der Ringe verursachen können, so daß es zu Schwellungen und Entzündungen kommen kann, die das Einwachsen der Ringe – wenn nicht frühzeitig eingegriffen wird – begünstigen.
Symptome: Häufig fällt den Besitzern ein zu enger Ring erst dann auf, wenn die Tiere das Bein schonen und eine deutliche Schwellung und Blauverfärbung sichtbar wird (siehe Abb. 23, S. 112).
Diagnose: Zur Vermeidung dieser Komplikationen sollte die Verschieblichkeit des Ringes regelmäßig (wöchentlich) geprüft werden!
Ähnliche Krankheiten: Milbenbefall, überschießende Verhornung.
Behandlung: Entfernung des Ringes durch Aufbiegen (am besten mit 2 Kneifzangen) oder Durchschneiden (hierfür gibt es speziell entwickelte Zangen). Wegen der Gefahr von Blutungen bei der Entfernung schon eingewachsener Ringe sollten Maßnahmen zur Blutstillung getroffen werden (Eisen-III-Chlorid, blutstillende Watte) und gegebenenfalls ein Verband angelegt werden.
Um die Identität des Vogels auch weiterhin beweisen zu können, wird der Ring aufgehoben. In Zweifelsfällen sollte ein Pedigramm/Kraniogramm erstellt werden (siehe Seite 114).

15. Vitamin- und Mineralstoffmangelerkrankungen

A. Rachitis

Vorkommen: Alle Vogelarten, besonders Jungtiere aus Kellervolieren.
Ursache: Rachitis ist eine Stoffwechselerkrankung des heranwachsenden Organismus. Sie betrifft das Skelettsystem: Die Knochen erhalten im Verlauf von Entwicklung und Wachstum nicht ihre endgültige (übliche)

Festigkeit, weil Mängel bei der „Mineralisation" bestehen. Hierfür sind zwei Dinge verantwortlich:

1. Mangel an Kalzium und Phosphor im Futter oder aber falsches Verhältnis der beiden Mineralstoffe (ideal ist ein Verhältnis von 2:1).

2. Mangel an Vitamin D_3, welches zur Aufnahme von Mineralstoffen aus dem Darmkanal notwendig ist. Um aus der Vorstufe des Vitamins (Provitamin D_3) Vitamin D herstellen zu können, braucht der Organismus Sonnenlicht, so daß häufig bei Tieren aus Kellervolieren Rachitis auftritt. Auch ausschließliche Fütterung von Körnerfutter kann durch Mangel an Provitamin D_3 zu Rachitis führen.

Bei beiden Ursachen kommt es zu mangelhafter Einlagerung von Mineralstoffen in die Knochen. Folglich bleiben die Knochen weich, biegsam, deformierbar oder brechen bei eventueller Belastung durch (sogenannte Grünholzfrakturen).

Ein ähnliches Krankheitsbild tritt bei ausgewachsenen Tieren auf (Osteomalazie); es handelt sich um eine Entmineralisierung der ehemals gesunden „festen" Knochen mit der Folge einer Knochenweiche. Hier ist ein Mangel an Mineralstoffen im Futter bei erhöhtem Bedarf die Ursache (z. B. bei Legezwang). Der Mineralstoffmangel im Blut wird durch Rückgriff auf das Kalzium und Phosphor im Knochen ausgeglichen.

Symptome: Am Skelett machen sich Knochenveränderungen, besonders Verbiegungen der langen Röhrenknochen oder des Brustbeinkammes bemerkbar. Teilweise sitzen die Vögel auf den Fersengelenken. In fortgeschrittenem Stadium entstehen leicht schlechtheilende Brüche.

Diagnose: Die Diagnose ist mit Hilfe einer Röntgenaufnahme zweifelsfrei zu stellen. Auf den Aufnahmen sehen die Knochenstrukturen verändert aus: die Wand der Röhrenknochen (Kortikalis) ist viel schmaler und heller als bei einem gesunden Knochen.

Behandlung: Eine Behandlung erfolgt durch ausreichend vitamin- und mineralstoffhaltige Fütterung (siehe Seite 32) sowie durch Bestrahlung mit Sonnenlicht oder UV-Strahlen-Lampen.

B. Vitamin-A-Mangel

Vorkommen: Alle in Menschenhand gehaltenen Großpapageien; besonders Graupapageien, die schon längere Zeit im Hause gehalten werden.

Ursache: Chronischer Vitamin-A-Mangel, also Mangel an dem sogenannten „Epithelschutzvitamin", entsteht durch einseitige Fütterung (Seite 33).

Symptome: Der betroffene Papagei kann eine bis zu haselnußgroße Umfangsvermehrung im Bereich der Unterschnabeläste (Unterzungen-

speicheldrüse), gelb-weiße Beläge im Rachenbereich und Augenveränderungen (Keratitis) zeigen. Während manche Vögel auf die Veränderungen kaum reagieren, scheuern und kratzen sich andere, so daß örtliche Entzündungen die Folge sein können.
Es kommt erst dann zu erheblichen Störungen des Allgemeinbefindens, wenn durch die herabgesetzte Abwehr der Schleimhäute eine Besiedlung mit Bakterien oder Pilzen (Aspergillose, Schnupfen) stattfindet.
Behandlung: Im Anfangsstadium, solange die Umfangsvermehrung weich und teigig ist, kann der Tierarzt durch Injektionen von Vitamin A versuchen, eine Rückbildung der Speicheldrüse auf ihre ursprüngliche Größe zu erreichen. Gelingt das nicht, muß die vergrößerte Drüse operativ entfernt werden. Anschließend ist eine dauernde Zugabe von Vitamin A über das Trinkwasser notwendig (5000 I.E. je Liter).
Hat sich eine Pilzinfektion eingestellt, werden zusätzlich antimykotische Arzneimittel eingegeben (siehe Aspergillose, Seite 91).

16. Vergiftungen

Als potentiell giftig für Vögel müssen Treibgase (Sprühdosen), Lösungsmittel von Farben (Waschbenzin, Azeton), Haushaltschemikalien, Dämpfe von kunststoffbeschichteten Pfannen, Blattlaussprays, verschiedene Pflanzen (Alpenveilchen, Azaleen, Philodendron), Tabak, Alkohol und große Mengen Kochsalz angesehen werden.
Als für Vögel giftig wirkende Medikamente (bei üblicher therapeutischer Dosierung) gelten Buscopan, Panolog, DMSO- und Cain-haltige Salben, Dichlorphos, Procain und andere. Generell muß ein plötzlich erkrankter Vogel mit Vergiftungsverdacht sofort einem Tierarzt vorgestellt werden. Die Heilungsaussichten sind immer dann nicht schlecht, wenn die Stoffgruppe des Giftes bekannt und ein Gegengift im Handel ist.
Stirbt ein gut ernährter Vogel plötzlich unter dem Verdacht einer Vergiftung und soll in einem chemischen Labor diesem Verdacht nachgegangen werden, muß zumindest die Stoffgruppe des Giftes bekannt sein, da es ansonsten zu sehr langwierigen, teuren und nicht immer erfolgreichen Untersuchungen kommen kann.
Im folgenden werden einige häufig vorkommende Vergiftungen speziell aufgeführt.

A. Bleivergiftung, Kupfervergiftung

Vorkommen: Alle Vogelarten.
Ursache: Vögel haben viele, oft unvermutete Möglichkeiten, um an blei- oder kupferhaltige Gegenstände zu geraten und daran zu knabbern:

bleihaltiges Gardinenband, Tiffanylampen, Gewächshäuser mit bleiverglasten Scheiben, schlecht verarbeitete Zinnbecher mit hohem Bleianteil, Lametta, Übertöpfe oder Vasen aus Kupfer.
Durch Beknabbern von verzinktem Käfig- oder Volierendraht kann es langfristig zu Vergiftungserscheinungen kommen.
Symptome: Blei-/Kupfervergiftung: Die Vögel sind plötzlich sehr schlapp oder zittern, hängen kraftlos auf der Stange und setzen erst Durchfall und dann blutigen Kot ab.
Diagnose: Die Diagnose kann häufig durch genauen Vorbericht gestellt werden. Bleipartikel sind zudem auf einer Röntgenaufnahme sichtbar.
Behandlung: Bleivergiftung: Eine Behandlung muß so schnell wie möglich mit einer Injektion eines Gegengiftes erfolgen oder durch operative Entfernung der aufgenommenen Metallstücke.

B. Kochsalzvergiftung

Vorkommen: Stubenvögel, denen Freiflug gewährt wird und die engen Anschluß an die Familie haben, sind die häufigsten Patienten mit Kochsalzvergiftung.
Ursache: Fütterung von Tischabfällen, salzigen Keksen, Gabe von ungewässerten Sepia- und Muschelschalen.
Symptome: Der Krankheitsverlauf ist chronisch. Nach und nach wird das Nierengewebe geschädigt, es kommt zur Einschränkung der Nierenfunktion, der Allgemeinzustand des Vogels verschlechtert sich, die Ausscheidungen werden flüssiger, der Harnanteil wird vermehrt und nicht mehr geformt ausgeschieden. Zu zentralnervösen Symptomen kann es durch erhöhten Druck im Gehirn kommen.
Behandlung: Je nach Grad des Nieren- und Hirnschadens sind die Heilungsaussichten unterschiedlich. Ist das Allgemeinbefinden schon deutlich herabgesetzt, hilft eine Umstellung der Fütterung meist nicht mehr.

C. Kohlenmonoxydvergiftung

Vorkommen: Vögel in geschlossenen Räumen mit Ofenheizung.
Ursache: Nicht ziehende Öfen sind meist die Ursache ungenügender Verbrennungsprozesse und Entstehung von Kohlenmonoxyd (farb-, geruch- und geschmackloses Gas!).
Symptome: Vögel reagieren sehr empfindlich auf dieses Gas und erleiden eine Vergiftung viel eher als der Mensch: Alle Vögel in einem Ofengeheizten Raum können plötzlich sterben. Diese Tiere sollten unbedingt

auf Anzeichen für eine Kohlenmonoxyd-Vergiftung untersucht werden, um noch größeren Schaden – auch für den Menschen – abzuwenden.
Diagnose: Durch die Sektion können deutliche Veränderungen des Blutes und der Lungen festgestellt werden: hellrotes Blut und hellrote Lungen!
Behandlung: Da die Vergiftung sehr akut eintritt, ohne daß vorher typische Zeichen bemerkt werden, kommt normalerweise jede therapeutische Hilfe zu spät. Leben noch einige Vögel, sollten sie sofort in einen anderen, gut belüfteten Raum verbracht werden.

D. Nikotinvergiftung

Vorkommen: Alle Vögel, die Zugang zu Zigaretten oder Aschenbechern haben.
Ursache: Aufnahme von Nikotin durch Beknabbern von Tabak.
Symptome: Durchfall, eventuell blutig. Zentralnervöse Störungen.
Behandlung: Entgiftung durch Eingabe von Medizinalkohle (siehe S. 50). Der Tierarzt injiziert ein Gegengift und leitet eine Leberschutztherapie ein, um die Entgiftung über die Leber zu fördern. Die Chancen für eine Heilung sind abhängig von der aufgenommenen Nikotinmenge.

E. Vergiftung durch verschimmeltes Futter

Vorkommen: Häufig erkranken Papageien durch Aufnahme verschimmelter Erdnüsse oder solche Vogelarten, die vorgekeimtes Futter angeboten bekommen.
Ursache: Die Erkrankung beruht nicht auf der Infektion und der direkten Schädigung durch Pilzbefall – wie z. B. bei der Aspergillose –, sondern auf der Bildung von speziellen Giftstoffen (Aflatoxinen) durch ganz bestimmte Schimmelpilzarten.
Symptome: Aflatoxine beeinflussen den Leberstoffwechsel, es kommt zu Wachstumshemmung, verminderter Freßlust und nachfolgender Abmagerung. Bei hochgradiger Vergiftung mit Aflatoxinen kommt es zu Gleichgewichtsstörungen, Krämpfen und Lähmungen. Je nach Menge der aufgenommenen Pilze – genauer: nach der Menge der von ihnen produzierten Gifte! – variiert das Krankheitsbild.
Behandlung: Eine Behandlung ist schwierig. In leichten Fällen tritt Heilung schon nach Eingabe von Kamillentee und Kohle (Kohlekompretten) ein, während schwer erkrankte Tiere nach kurzer Krankheitsdauer unter Symptomen einer Verstopfung sterben.
Der Tierarzt kann durch eine Leberschutztherapie eine Heilung versuchen.

Abb. 17 A: Schnabeldeformation durch Räudemilben bei einem Wellensittich.

Abb. 17 B: Hochgradiger Befall mit Räudemilben an Füßen und Kloakengegend.
Fotos: Gylstorff, Vogelklinik der Tierärztlichen Hochschule Hannover.

Abb. 18: Konjunktivitis, Wellensittich.

Abb. 19: Durch Kokzidien zerstörte Darmschleimhaut eines Huhnes. Ähnlich sieht der Darm eines mit Isospora canaria infizierten Kanarienvogels aus.

Beide Fotos: Gylstorff, Vogelklinik der Tierärztlichen Hochschule Hannover.

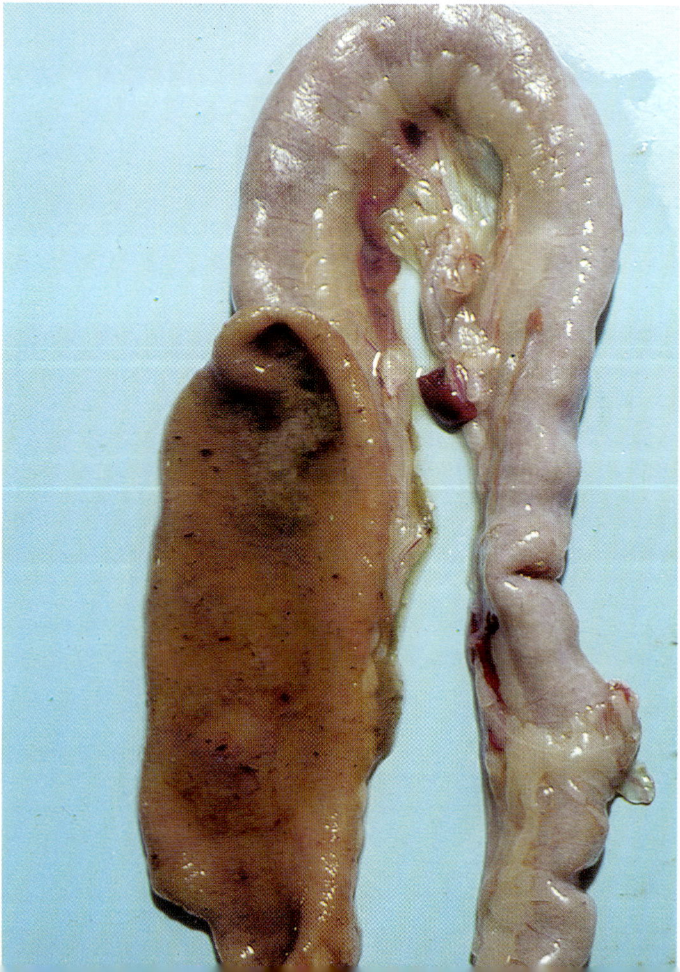

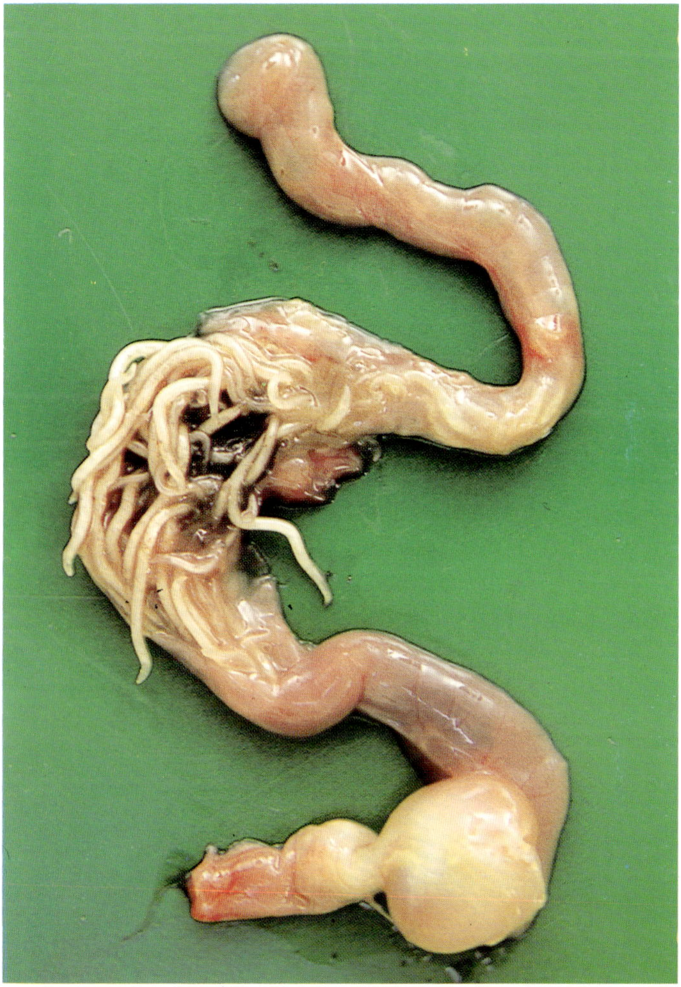

Abb. 20: Hochgradiger Befall des Darmkanales mit Spulwürmern. Wegen ihrer Größe (etwa 5 cm) ist bei infizierten Vögeln oft der gesamte Darmkanal angefüllt.
Foto: N. Kummerfeld.

Abb. 22: Wellensittich mit Lähmung des rechten Beines, durch einen Bauchtumor verursacht.

Fotos: N. Kummerfeld.

Abb. 23: Eingewachsener Ring bei einem Wellensittich.

F. Futtermittelvergiftung

Vorkommen: Alle Vogelarten.

Ursache: Aufnahme von: gebeiztem Saatgetreide (chlorierte Kohlenwasserstoffe, Quecksilberverbindungen), mit Insektiziden kontaminiertem Obst, Grünfutter oder Futterinsekten (Phosphorsäureester).

Symptome: Plötzliche Todesfälle nach Wechsel der Futtercharge können ebenso auftreten, wie chronische Vergiftungserscheinungen. Hat der Vogel nur geringe Mengen aufgenommen, kommt es zum Speicheln, zu Atemstörungen, Muskelkrämpfen und Durchfall. Chronische Vergiftungen können sich in mangelhafter Festigkeit der Eischalen oder in Unfruchtbarkeit äußern.

Diagnose: Da die Tiere häufig plötzlich sterben, ohne daß der Besitzer deutliche Krankheitsanzeichen festgestellt hat, kann eine Sektion zur Klärung der Todesursache sinnvoll sein (siehe Seite 46). Bei der Sektion sind je nach Einwirkzeit des Giftes gar keine Organveränderungen zu erkennen oder allenfalls leichte Leberschwellungen.

Eine Futtermittelprobe kann bei Verdacht auf einen bestimmten Stoff in einem chemischen Labor untersucht werden. Besteht keinerlei Hinweis auf das eventuell enthaltene Gift, ist die Palette der Möglichkeiten jedoch zu groß, und eine chemische Untersuchung könnte endlos und viel zu teuer werden.

VI. Kennzeichnung von Vögeln

1. Geschlossener Ring

Geschlossene Ringe können nur Nestlingen über die noch kleinen und biegsamen Zehen gezogen werden. Ein solcher Ring belegt damit, daß dieser Vogel schon als Nestling in Menschenhand war, also „gezüchtet" wurde und es sich nicht um einen „Wildfang" aus der Natur handelt.
Die Ringe werden von den Zuchtverbänden ausgegeben und variieren von Verband zu Verband etwas. Folgende Angaben werden im allgemeinen eingehalten: Abkürzung für den Zuchtverband, von dem der Ring ausgegeben wurde, Nummer des Züchters, Jahrgang und individuelle Nummer des Vogels. Die Ringe der „Vereinigung für Artenschutz, Vogelhaltung und Vogelzucht e.V." beginnen mit einem großen AZ. Gefolgt werden diese Buchstaben von Abkürzungen der jeweiligen Arbeitsgemeinschaft, z. B. DWV für Deutscher Wellensittichzüchter-Verein, AGZ für Arbeitsgemeinschaft der Züchter von Papageienarten.

2. Offener Ring

Offene Ringe werden z. B. jedem in die Bundesrepublik eingeführten Papagei oder Sittich nach Beendigung der Quarantänezeit angelegt. Diese Ringe sind häufig durchsichtig und sind mit einer Nummer versehen, die dem Amtstierarzt ermöglicht, gegebenenfalls die Herkunft des Vogels nachvollziehen zu können.
Der Zoologische Zentralverband gibt an seine Züchter Ringe aus, die folgende Angaben enthalten: ein großes Z für Zoologischer Zentralverband, eine Abkürzung für das jeweilige Bundesland, in dem der Züchter wohnt, die Züchternummer und die individuelle Nummer des Vogels.

3. Pedigramm, Kraniogramm

Unter Pedigramm (Pedes = Füße) versteht man eine Photographie der Hornschuppen an Fuß und Zehen bei Großpapageien. Die Schuppen sind, ähnlich wie beim Menschen der Fingerabdruck, individuell unterschiedlich ausgebildet.
Unter Kraniogramm (Kranio = Schädel) wird die bildliche Darstellung bestimmter Konturen am Schnabel und Gesicht von Aras und Graupapageien verstanden. Auch hierbei gleicht kein Individuum dem anderen.

VII. Gesetze, die die Vogelhaltung betreffen

1. Tierschutzgesetz

Im § 2 des Tierschutzgesetzes (Bundesgesetzblatt 1986, Nr. 42, S. 1309–1329), das seit 1. Januar 1987 in Kraft ist, wird eine „artgerechte Haltung" jedes in Menschenhand gehaltenen Tieres vorgeschrieben. Hieraus ergibt sich, daß ein Vogelbesitzer verpflichtet ist, Informationen über die „Art" seines Vogels einzuholen, um ihn entsprechend auch „artgerecht" halten zu können!

In § 3 ist festgelegt: Es ist verboten, ein gezüchtetes oder aufgezogenes Tier einer wildlebenden Art in der freien Natur auszusetzen oder anzusiedeln, das nicht auf die zum Überleben in dem vorgesehenen Lebensraum erforderliche artgemäße Nahrungsaufnahme vorbereitet und an das Klima angepaßt ist. Hieraus ergibt sich, daß z. B. einheimische Finkenvögel, die schon längere Zeit im Käfig gehalten wurden, vom Besitzer bei einer plötzlichen Laune nicht „freigelassen" werden dürfen!

Wer gewerbsmäßig Heimtiere (also auch Vögel) züchten oder halten will, bedarf der Erlaubnis der zuständigen Behörde (Landkreis oder kreisfreie Stadt). In dem Antrag auf Erteilung der Erlaubnis sind anzugeben:

1. die Arten der Tiere, mit denen die Tätigkeit ausgeübt werden soll,
2. die für die Tätigkeit verantwortliche Person,
3. die Räume und Einrichtungen, die der Tätigkeit dienen.

§ 5 regelt „Eingriffe an Tieren", wobei es in § 6 verboten ist, Körperteile zu amputieren, also z. B. einen Vogel chirurgisch flugunfähig zu machen.

2. Bundesnaturschutzgesetz

Das 1. Gesetz zur Änderung des Bundesnaturschutzgesetzes (Bundesgesetzblatt 1986, Nr. 66, S. 2349–2360) trat am 1. 1. 87 in Kraft, und in § 2 heißt es: „Die wildlebenden Tiere und Pflanzen und ihre Lebensgemeinschaften sind als Teil des Naturhaushalts in ihrer natürlichen und historisch gewachsenen Artenvielfalt zu schützen. Ihre Lebensstätten und Lebensräume (Biotope) sowie ihre sonstigen Lebensbedingungen sind zu schützen, zu pflegen, zu entwickeln und wiederherzustellen."

Für den Vogelhalter ist es nur erlaubt, Tiere der „besonders geschützten Arten" (aufgezählt in Anhang 1 und 2 des Washingtoner Artenschutzübereinkommens und in der Bundesartenschutzverordnung, Anlage 1 und 2) in Besitz zu nehmen, wenn diese im Geltungsbereich dieses Gesetzes gezüchtet wurden, in Übereinstimmung mit den zu dieser Zeit geltenden Gesetzen der Natur entnommen wurden, legal eingeführt wurden oder bereits in Besitz waren, bevor die betreffende Art unter Schutz gestellt wurde.
Ab 1. 1. 1988 dürfen vom Aussterben bedrohte Arten und Arten des Anhang 2 C1 des Washingtoner Artenschutzübereinkommens nur noch mit Ausnahmegenehmigung für wissenschaftliche Zwecke vermarktet, ansonsten aber nur noch verschenkt oder getauscht werden.

3. Bundesartenschutzverordnung

Nach der neuen Artenschutzverordnung vom 19. Dez. 1986 (BArtSchV, Nr. 70, S. 2705–2761) müssen besonders geschützte Wirbeltiere (Anlage 1 und Anlage 2, siehe S. 117 und 118) bei der unteren Naturschutzbehörde (Landkreis oder kreisfreie Stadt) oder bei der Fachbehörde für Naturschutz angemeldet werden (§ 10). **Alle Papageien und Sittiche fallen unter die Anmeldepflicht. Nicht jedoch Wellensittich, Nymphensittich** und **Kleiner Alexandersittich!**
Formlos muß jeder Besitzer von besonders geschützten Vögeln diese nach Art, Anzahl, Ringnummer, Alter und Herkunft anmelden.
§ 9 schreibt die Kennzeichnung aller Tiere, die zur Gruppe der besonders geschützten Arten gehören und in den Verkehr gebracht werden, vor. Die Ringe müssen Auskunft geben über: Namen des Landes, Bezeichnung der ausgebenden Stelle und eine fortlaufende Nummer für den jeweiligen Vogel.
§ 12 erlaubt den Verkauf von gezüchteten Tieren der besonders geschützten Arten, z. B. in der Bundesrepublik gezüchtete Graupapageien, nur noch mit einer Ausnahmegenehmigung der zuständigen Naturschutzbehörde. Dies gilt nicht für die in Anlage 6 aufgeführten Arten. Sie dürfen nach wie vor verkauft werden (siehe Anlage 6, Seite 119).
Ein Verkauf legal importierter Tiere ist nach wie vor erlaubt.

Bundesartenschutzverordnung — Anlage 1

Besonders geschützte Arten

Vom Aussterben bedrohte Arten sind durch Fettdruck hervorgehoben.

Kanarenpieper (Anthus berthelotі)
Brachpieper (Anthus campestris)
Pelzelnstar (Aplonis pelzelni)
Rotbürzelstar (Aplonis santovestris)
Nashornvögel – alle Arten (Bucerotidae spp.[1]))
Birkenzeisig (Carduelis flammea)
Karmingimpel (Carpodacus erythrinus)
Purpurbindentäubchen (Claradis godefrida)
Lorbeertaube (Columba junioniae)
Silberhalstaube (Columba trocaz)
Seychellendajal – Seychellen-Drossel (Copsychus sechellarum)
Wachtelkönig (Crex crex)
Zahntaube (Didunculus strigirostris)
Spaltschwingentaube (Drepanoptila holosericea)
Aurorafruchttaube (Ducula aurorae)
Marquesafruchttaube (Ducula galeata)
Riesenfruchttaube (Ducula goliath)
Zippammer (Emberiza cia)
Grauer Ortolan (Emberiza caesia)
Zaunammer (Emberiza cirlus)
Ortolan (Emberiza hortulana)
Rodriguezweber (Foudia flavicans)
Mauritius-Weber (Foudia rubra)
Seychellen-Weber (Foudia sechellarum)
Teydefink (Fringilla teydea)
Tahiti-Taube (Gallicolumba erythroptera)
Marquesataube (Gallicolumba rubescens)
Doppelschnepfe (Gallinago media)
Tolimataube (Leptotila conoyeri)
Lorbeertaube – Grenadataube (Leptotila wellsi)
Bienenfresser (Merops apiaster)
Nektarvögelartige – alle Arten (Nectariniidae spp.)
Rubinkehltangare (Nemosia rourei)
Takahe (Notornis mantelli)
Steinsperling (Petronia petronia)
Goldkehlpitta (Pitta gurneyi)
Golandweber (Ploceus golandi)
Rapafruchttaube (Ptilinopus huttoni)
Azoren-Gimpel (Pyrrhula pyrrhula murina)
Tukane (Ramphastidae spp.)
Langschnabelbrillenvogel (Rukia longirostria)
Trukbrillenvogel (Rukia ruki)
Kanaren-Girlitz (Serinus canaria)
Zitronengirlitz (Serinus citrinella)
Vielfarbentangare (Tangara fastuosa)
Kolibris (Trochilidae spp.)
Rotdrossel (Turdus iliacus)

Diese Liste ist nicht vollständig wiedergegeben, umfaßt aber alle bei uns in Käfigen gehaltenen Vögel.

---

[1]) Nicht erfaßt werden die der Verordnung (EWG) Nr. 3626/82 unterliegenden Arten.

Anlage 2

Der Verordnung (EWG) Nr. 3626/82 unterliegende Arten, für die zusätzliche Vorschriften gelten

Vögel (Aves)	Zusätzlich besonders geschützte Arten (zu § 4 Satz 1)	Zusätzlich vom Aussterben bedrohte Arten (zu § 4 Satz 2)	Die Ein- oder Ausfuhr ist nur mit einer zusätzlichen Genehmigung nach § 21 b BNatSchG zulässig (zu § 5 Satz 1)	Die Beschränkungen des § 21 b Abs. 1 Satz 1 BNatSchG für die Erteilung der Ein- oder Ausfuhrgenehmigung gelten nicht (zu § 5 Satz 2)	Die Ein- oder Ausfuhrgenehmigung darf nur im Falle der nachstehenden Nummern des § 21 b Abs. 1 Satz 1 BNatSchG erteilt werden (zu § 5 Satz 3)
1	2	3	4	5	6
Rotspiegel-Amazone (Amazona agilis)			+		
Jamaika-Amazone (Amazona collaria)			+		
Blaukronen-Amazone (Amazona ventralis)			+		
Gelbbauch-Amazone (Amazona xanthops)			+		
Hyazinthara (Anodorhynchus hyacinthinus)			+		
Goldscheitelsittich (Aratinga auricapilla auricapilla)			+		
Goldkappensittich (Aratinga auricapilla aurifrons)			+		
Kaktussittich (Aratinga cactorum)			+		
Tirika-Sittich (Brotogeris tirica)			+		
Kahlkopfpapagei (Gypopsitta vulturina)			+		
Mauritius-Taube (Nesoenas mayeri)	+	+	+		
Palmkakadu (Probosciger aterrimus)			+		
Gelbseitensittich (Pyrrhura hypoxantha salvadori)			+		
Blausteißsittich (Pyrrhura perlata)			+		
Rotbauchsittich (Pyrrhura rhodogaster)			+		
Schwarzrückenpapagei (Touit melanonota)			+		
Goldschwanzpapagei (Touit surda)			+		
Blaubauchpapagei (Triclaria malachitacea)			+		
Saphir-Lori (Vini peruviana)			+		
Smaragd-Lori (Vini ultramarina)			+		

Zusätzlich fallen unter diese Vorschrift zahlreiche Eulen, Greifvögel und Enten, die aber für die Haltung in Privathand keine Bedeutung haben und daher nicht einzeln aufgeführt wurden.

[1]) Nur europäische Populationen. [2]) Nur europäische Populationen, ausgenommen die der UdSSR.

Anlage 6

Ausnahmen vom Vermarktungsverbot

Pfirsichköpfchen (Agapornis fischeri)
Schwarzköpfchen (Agapornis personata)
Rosenköpfchen (Agapornis roseicollis)
Kragensittich (Barnardius zonarius zonarius)
Kapuzensittich (Carduelis cucullatus)
Felsentaube (Columba livia)
Springsittich (Cyanoramphus auriceps)
Ziegensittich (Cyanoramphus novaezelandiae)
Blaugenicksperlingspapagei (Forpus coelestis)
Blauflügelsperlingspapagei (Forpus xantheopterygius)
Himalaya- oder Gelbschwanzglanzfasan (Lohophorus impeyanus)
Mönchssittich (Myopsitta monachus)
Bourkesittich (Neophema bourkii)
Feinsittich (Neophema chrysostoma)
Schmucksittich (Neophema elegans)
Schönsittich (Neophema pulchella)
Glanzsittich (Neophema splendida)
Blaßkopfrosella (Platycercus adscitus)
Pennantsittich (Platycercus elegans)
Rosellasittich (Platycercus eximius)
Strohsittich (Platycercus flaveolus)
Stanleysittich (Platycercus icterotis)
Princess-of-Wales-Sittich (Polytelis alexandrae)
Bergsittich (Polytelis anthopeplus)
Schild- oder Barrabandsittich (Polytelis swainsonii)
Singsittich (Psephotus haematonotus)
Vielfarbensittich (Psephotus varius)
Rotkappensittich (Purpureicephalus spurius)

4. Washingtoner Artenschutzübereinkommen

Nach dem Washingtoner Artenschutzübereinkommen (Bundesgesetzblatt 1973 Teil II, S. 777 ff.), dem die Bundesrepublik Deutschland 1975 beitrat, ist der grenzüberschreitende Handel, das gewerbsmäßige Inverkehrbringen und der gewerbsmäßige Erwerb einer Reihe namentlich aufgeführter Vögel nur noch mit den dort vorgesehenen Ausnahmegenehmigungen möglich. In Anhang 1 sind einige spezielle Papageienarten aufgezählt (siehe S. 121) und in Anhang 2 alle anderen Papageien und Sitticharten mit Ausnahme des Wellensittichs, des Kleinen Alexandersittichs und des Nymphensittichs.

Beim Erwerb eines Vogels aus Anhang 1 oder 2 ist unbedingt auf die beigefügte „Cites-Bescheinigung" (Convention on International Trade in Endangered Species of wild fauna and flora) im blauen Original Wert zu legen, da durch diese Bescheinigung die legale Einfuhr, die Zucht oder der legale Altbesitz bestätigt wird. Gibt es solch eine Bescheinigung nicht, sollte auf den Kauf verzichtet werden! Seit 1. 1. 1984 gilt diese Bescheinigung als zwingend notwendig beim Kauf von Papageien und allen anderen Vogelarten, die dem Washingtoner Artenschutzübereinkommen unterliegen.

5. Tierkörperbeseitigungsgesetz

Seit 1976 sind in dieses Gesetz auch Vögel einbezogen. Sie dürfen nach ihrem Tode auf dem eigenen Gelände (nicht aber in Wasserschutzgebieten oder in unmittelbarer Nähe öffentlicher Wege und Plätze) vergraben werden.

6. Psittakoseverordnung

Aufgrund einer Rechtsvorschrift im Viehseuchengesetz wurde eine Änderung der Psittakose-Verordnung vom 18. 6. 1975 bekanntgegeben (Bundesgesetzblatt 1, S. 1429).

In § 2 werden Züchter und Händler zur Kennzeichnung von Sittichen und Papageien durch Fußringe verpflichtet. § 5 führt Schutzmaßregeln im Falle eines Verdachtes bzw. eines Ausbruches einer Psittakose in einem Bestand auf. In § 7 werden Anweisungen für die Behandlung durch den Amtstierarzt erläutert bzw. der zuständigen Behörde wird die Möglichkeit gegeben, einen ganzen Bestand töten zu lassen. Jede Psittakosetherapie muß also unter tierärztlicher Kontrolle stehen! In der Psittakoseverordnung sind Angaben über Dauer, Art und Durchführung der medikamentellen Therapie mit dem Antibiotikum Chlortetracyclin (CTC = Aureomycin) aufgeführt. Eine Behandlung über das Trinkwasser ist unwirksam und daher vom Gesetzgeber verboten. Zur weiteren Information siehe WACHENDÖRFER, 1986.

Washingtoner Artenschutzübereinkommen — Anhang I

Anhang I enthält alle von der Ausrottung bedrohten Arten, die durch den Handel beeinträchtigt werden oder beeinträchtigt werden können. Um ihr Überleben nicht noch weiter zu gefährden, muß der Handel mit Exemplaren dieser Arten einer besonders strengen Regelung unterworfen und darf nur in Ausnahmefällen zugelassen werden.

Blaukopfamazone (Amazona arausiaca)
Gelbschulteramazone (Amazona barbadensis)
Rotschwanzamazone (Amazona brasiliensis)
Königsamazone (Amazona guildingii)
Kaiseramazone (Amazona imperialis)
Bahama-Amazone (Amazona leucocephala)
Prachtamazone (Amazona pretrei pretrei)
Goldmaskenamazone (Amazona rhodocorytha)
Blaumaskenamazone (Amazona versicolor)
Taubenhalsamazone (Amazona vinacea)
Puerto-Rico-Amazone (Amazona vittata)
Blauara (Anodorhynchus glaucus p. e.)
Lear-Ara oder Kleiner Hyazinthara (Anodorhynchus leari)
Goldsittich (Aratinga guaruba)
Spix-Blauara (Cyanopsitta spixii)
Forbes-Springsittich (Cyanoramphus auriceps forbesi)
Lauf- oder Ziegensittich (Cyanoramphus novaezelandiae)
Coxens Rotwangen-Zwergpapagei (Cyclopsitta [Opopsitta] diophtalma coxeni)
Nachtsittich (Geopsittacus occidentalis p. e.)
Gold- oder Orangebauchsittich (Neophema chrysogaster)
Erdsittich (Pezoporus wallicus)
Scharlachkopf (Pionopsitta pileata)
Goldschultersittich (Psephotus chrysopterygius)
Paradiessittich (Psephotus pulcherrimus p. e.)
Mauritiussittich (Psittacula krameri echo)
Fernando-Po-Graupapagei (Psittacus erithacus princeps)
Blaulatzsittich (Pyrrhura cruentata)
Arasittiche (Rhynchopsitta spp.)
Eulenpapagei (Strigops habroptilus)
Hakenschnabel-Kolibri (Ramphodon dohrnii)
Schildhornvogel (Rhinoplax vigil)
Weißkehlbrillenvogel (Zosterops albogularis)
Büschelohr-Honigfresser (Meliphaga cassidix)
Kapuzenzeisig (Spinus cucullatus)
Bali-Star oder Rothschild-Mynah (Leucopsar rothschildi)

Neben den hier als Käfigvögel gehaltenen, umfaßt Anhang I noch eine Reihe anderer Vogelarten (Hühnervögel, Taucher, Störche, Adler).

Anhang II

Anhang II enthält alle Arten, die, obwohl sie nicht notwendigerweise schon heute von der Ausrottung bedroht sind, davon bedroht werden können, wenn der Handel mit Exemplaren dieser Arten nicht einer strengen Regelung unterworfen wird.

Fächertaube (Goura victoria)
Alle Papageienvögel (Psittaciformes ssp.)
Doppelhornvogel (Buceros bicornis)
Japanische Neunfarbenpitta (Pitta brachyura nympha)
Paradiesvögel (Paradisaeidae spp.)

Auch diese Aufzählung enthält nur diejenigen Vögel, die bei uns in der Bundesrepublik Deutschland in Privathand gehalten werden.

VIII. Literaturverzeichnis

AECKERLEIN. W.: Die Ernährung des Vogels. Verlag Eugen Ulmer, Stuttgart, 1986.

BEZZEL, E.: Ornithologie. Verlag Eugen Ulmer, Stuttgart, 1977.

BNA-Handbuch: Das neue Artenschutzrecht. Gesetze, Verordnungen, Listen – Kommentare. Hrsg.: Bundesverband für fachgerechten Natur- und Artenschutz (BNA) e. V., Köln, 1987.

DATHE, H.: Handbuch des Vogelliebhabers, 3 Bände. AULA-Verlag, Wiesbaden.

EBERT, U.: Vogelkrankheiten. Zier- und Wildvögel-Behandlung, Haltung, Pflege. Verlag M. & H. Schaper, Hannover, 1984.

FRISCH, O. von: Kanarienvögel. Alles über Anschaffung, Pflege, Krankheiten, Ernährung und Gesang. Gräfe und Unzer GmbH, München.

GABRISCH, K., und P. ZWART (Hrsg.): Krankheiten der Heimtiere. Schlütersche Verlagsanstalt, Hannover, 1985.

GRAHL, W. de: Papageigen in Haus und Garten: Sittiche, Kakadus, Unzertrennliche, Sperlingspapageien, Arara, Amazonen, Graupapageien u. a. mehr. Ulmer Verlag, Stuttgart, 1976.

KAAL, Drs. G. Th. F.: Geschlechtsmerkmale bei Vögeln. Verlag M. & H. Schaper, Hannover, 1982.

KRONBERGER, H.: Haltung von Vögeln – Krankheiten der Vögel. VEB Gustav Fischer Verlag, Jena, 1978.

LANTERMANN, W. und S.: Die Papageien Mittel- und Südamerikas: Arten, Haltung und Zucht. Verlag M. & H. Schaper, Hannover, 1986.

PINTER, H.: Unsere Amazone: Anschaffung, Pflege, richtig füttern, Freundschaft schließen. Franck'sche Verlagshandlung, Stuttgart, 1986.

RUEBEL, A.: Röntgenuntersuchungen bei inneren Erkrankungen von Psittaciden. Inaugural Dissertation, Zürich, 1985.

ROBILLER, F.: Käfige und Volieren. Verlag J. Neumann-Neudamm, Melsungen, 1983.

ROBILLER, F.: Lexikon der Vogelhaltung. Landbuch-Verlag Hannover, Hannover, 1986.

STEINIGEWEG, W.: Weichfresser. Chinesische Nachtigall, Schamadrossel, Brillenvogel, Bülbül, Beo und andere Insekten-, Nektar- und Fruchtfresser. Artgerechte Haltung und Ernährung. Verlag Gräfe und Unzer, München, 1987.

WACHENDÖRFER, G.: Neuere Erkenntnisse zur Bekämpfung der Psittakose/Ornithose. Die Voliere, 9. Jahrgang, 1986.

WENNER, M. C.: Domicella Garrula Garrula. Hürlimann Buchdruck-Offset A. G., Zürich, 1979.

Zeitschriften

Die Voliere
Internationales Magazin für Vogelzüchter, -halter und -liebhaber. Verlag M. & H. Schaper, Alfeld.

Wellensittich-Magazin
Internationale Fachzeitschrift für Züchter, Halter und Aussteller. Verlag M. & H. Schaper, Alfeld.

AZ-Nachrichten
Monatsschrift der Vereinigung für Artenschutz, Vogelhaltung und Vogelschutz. Duisburg.

IX. Sachwörterverzeichnis

G

H

I

Notizen